人生算法

喻颖正 _著

中信出版集团 | 北京

图书在版编目（CIP）数据

人生算法 / 喻颖正著. -- 北京 : 中信出版社,
2020.8（2025.7重印）
　　ISBN 978-7-5217-1816-4

　　Ⅰ.①人… Ⅱ.①喻… Ⅲ.①成功心理—通俗读物
Ⅳ.①B848.4-49

中国版本图书馆CIP数据核字（2020）第070570号

人生算法

著　　者：喻颖正
出版发行：中信出版集团股份有限公司
　　　　　（北京市朝阳区东三环北路 27 号嘉铭中心　邮编 100020）
承　印　者：嘉业印刷（天津）有限公司

开　本：880mm×1230mm　1/32　印　张：10.75　字　数：252千字
版　次：2020年8月第1版　　　　　　　印　次：2025年7月第22次印刷
书　号：ISBN 978-7-5217-1816-4
定　价：69.00元

版权所有·侵权必究
如有印刷、装订问题，本公司负责调换。
服务热线：400-600-8099
投稿邮箱：author@citicpub.com

谨以此书献给我的家人

目录

序　言　找到你的人生算法　VI
使用指南　应对不确定性的 7 个思维模型　XIII

第一部分　人生算法九段

广义而言，大自然有两个重要的算法，一是进化，二是大脑，后者难免会被归为前者。在现实中，我们虽然会拼命思考，但是极少思考自己的思考。本部分先围绕认知飞轮，搭建一个内心演练模型，从元认知出发，帮助人们成为大脑真正的操控者。

人生创造算法，而非算法创造人生。

- 初段　003
- 二段　013
- 三段　025
- 四段　037
- 五段　049
- 六段　059
- 七段　069
- 八段　079
- 九段　089

初段	**闭环** 003 如何对抗完美主义
二段	**切换** 013 掌控大脑的两种模式
三段	**内控** 025 跑好大脑的四人接力赛
四段	**重启** 037 重新启动的精神装置
五段	**增长** 049 增长黑客的三大步骤
六段	**内核** 059 找到可复制的最小内核
七段	**复利** 069 营造长期的局部垄断
八段	**愿景** 079 设计人生导航系统
九段	**涌现** 089 在自己身上发挥群体智慧

第二部分 人生算法十八关

我们的目标是运用理性思维和科学方法消除"夹层解释",直面人生难题,将难题一层层剥开,探寻其本质。将人生磨难视为一场通关游戏,可以增添些许喜剧色彩,帮我们摆脱宿命论,以一种超然的态度理性地迎接挑战。

本部分可以帮助你我既能够在世俗世界过得更好一点儿,又能追求真知,探寻意义,获得智识上的愉悦。

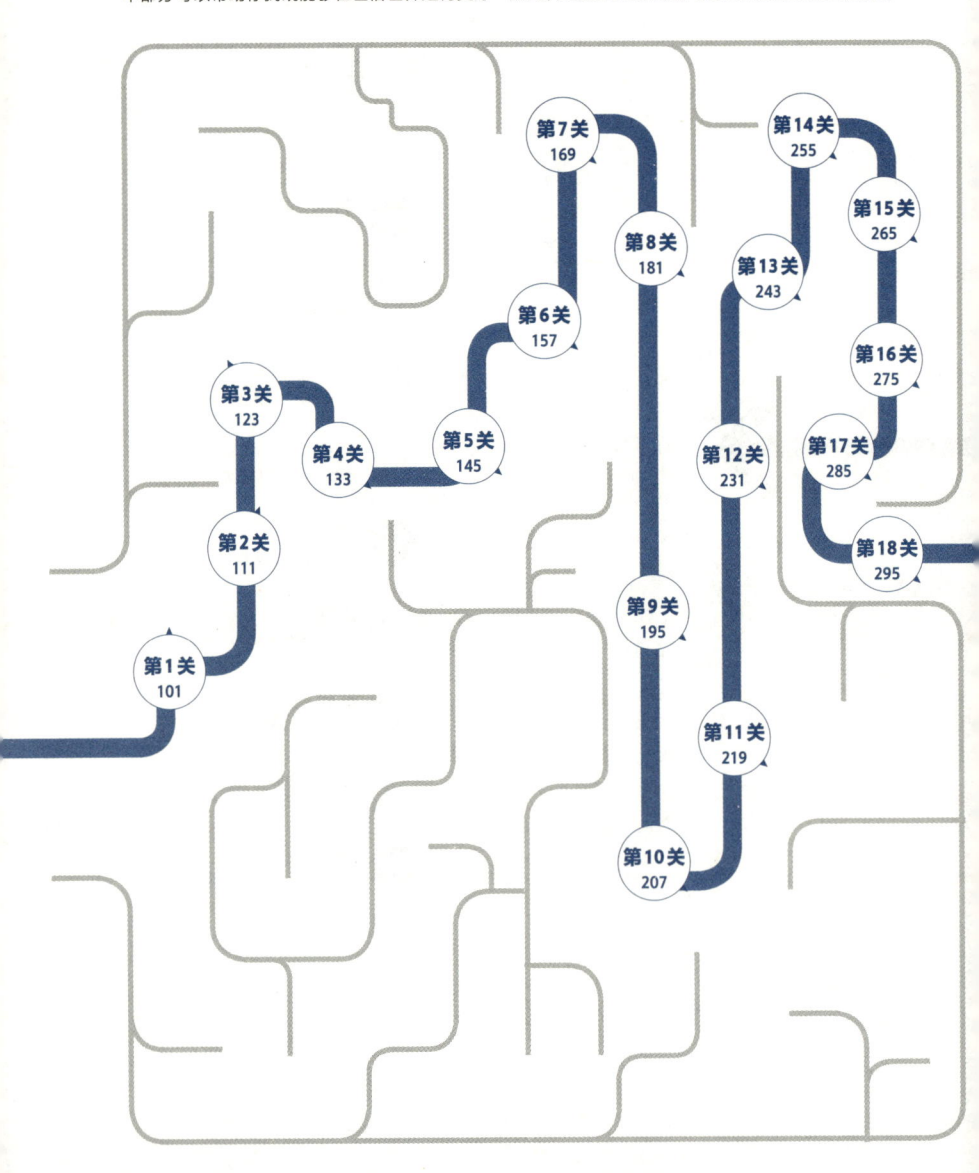

第1关 101
第2关 111
第3关 123
第4关 133
第5关 145
第6关 157
第7关 169
第8关 181
第9关 195
第10关 207
第11关 219
第12关 231
第13关 243
第14关 255
第15关 265
第16关 275
第17关 285
第18关 295

第1关	**片面** 101
	用三个旋钮打开人生局面

第2关	**狭隘** 111
	穷人思维是打折甩卖了概率权

第3关	**模糊** 123
	量化思维比精确数字更重要

第4关	**侥幸** 133
	在随机性面前处变不惊

第5关	**宿命** 145
	用概率思维提高你的胜算

第6关	**追悔** 157
	回到过去能改变命运吗

第7关	**非理性** 169
	如何管住你的"动物精神"

第8关	**冲动** 181
	像阿尔法围棋一样，兼顾直觉和理性

第9关	**犹豫** 195
	灰度认知，黑白决策

第10关	**武断** 207
	自我批判的"双我思维"

第11关	**情面** 219
	坚决行动的浑球儿思维

第12关	**霉运** 231
	在优势区域击球

第13关	**孤独** 243
	获得好姻缘的算法

第14关	**爆仓** 255
	为什么绝顶聪明的人也会破产

第15关	**迷信** 265
	科学不过是阶段性正确

第16关	**无知** 275
	心法+算法的双重智慧

第17关	**衰朽** 285
	发现时间的算法

第18关	**贪婪** 295
	用半径算法找准人生定位

结　语　**你好，赢家**　305
番外篇　**人生的大高潮与小高潮**　311
后　记　**人生算法的实用主义**　317

序言

找到你的
人生算法

  我想从一个游戏开始，向你介绍人生算法的力量。想象一下，你现在中了一个大奖，你面前有两个按钮：按下第一个按钮，你可以马上拿走100万美元；按下第二个按钮，你有50%的概率获得一亿美元，也有50%的可能什么也拿不到。这两个按钮，只能选一个，你会选哪个？

  第一个按钮价值100万美元，第二个按钮用概率计算期望值，得出的价值是5 000万美元。即便如此，很多人还是愿意选100万美元，因为他们不愿意承受什么都拿不到的风险。还有其他选择吗？事实上，你可以利用算法思维，打开思路。

有 100% 的概率　　有 50% 的概率
获得 100 万美元　　获得一亿美元

往前走一步，如果你把价值 5 000 万美元的第二个按钮，以 2 000 万美元的价格卖给愿意承担风险的人，你就能赚 2 000 万美元，而不是 100 万美元。

往前走两步，你还可以卖掉这个选择权，将其以首付 100 万美元的方式卖给别人，同时签订合同：如果他中了一亿美元，还要给你 5 000 万美元。这样你就有可能赚 5 100 万美元。

往前走三步，你可以把这个选择权做成公开发行的彩票，两美元一张，印两亿张，能进账 4 亿美元。就算头奖分走一亿美元，不计彩票的印制和发行成本，你还能赚三亿美元。

往前走四步，利用彩票这个商业模式，你可以设计几个抽奖游戏，将它打造成一门生意，你就有可能赚 10 亿美元。

往前走五步，让你的公司上市，估值可达 20 亿美元，公司市值甚至能涨到 100 亿美元。

……

这个游戏的不同答案，解释的正是很多人百思不得其解的问题："为什么人和人之间看起来差别不大，可命运的好坏却有天壤之别？"正是算法的力量决定了人们不一样的人生轨迹。

《人生算法》首次提出"用算法来设计人生",主要基于我在创业、投资、生活中的经验写就。我在35岁退休的那一年,中国地产行业欣欣向荣,我做了一个在别人看来很奇怪的决定——不再做一个小有成就的开发商,举家迁往加拿大。

我大约花了10年探索"人生"(我们要生存的这个世俗世界)和"算法"(以数学和物理为基础的科学世界)之间的关联。这是一个交织着智力和情感的探险游戏。

这就是"人生×算法",我称之为一个大脑脚手架,其底层以概率为基础。就像早期概率以赌场为试验场,在人生算法中,经常会出现财富这类世俗的"成功"案例,其优势是容易被测量,可以呈现相对精确的因果关系。

这不代表人生算法就是金钱算法,我并不因为金钱比绝大多数所谓道德更纯洁而过分推崇它。即使你是因为《人生算法》看起来像一个妖冶的"成功学"而与之约会,你早晚也会发现其大家闺秀的本质。

为什么大多数人穷其一生,不管多么聪明,多么勤奋,终究一无所获?为什么有些人看起来不过如此,但能够超越出身和智商,最终取得成功?秘密在于那些收获财富、健康、幸福的人生赢家都拥有自己的人生算法。围绕这一观点,本书给出一套完整的"人生算法"操作系统,帮助你找到自己的"算法"。

本书围绕个人命运展开,探讨在未知的世界里,一个人到底应该具备哪些底层能力。我不想令其成为一场观光游,或者给你一堆看似有用的工具。我采用的是"黑客式写作法",每节解决一个关键认知难题，从组织结构上看，全书又是螺旋式上升的完整体系。

我绝不给你"我自己没有过切肤之痛"的认知。如你所知，我是背景和成就都很普通的人，因此并无保护声誉与维护正确的压力。简单来说，本书只向你提供我用亲手猎杀的猎物做成的肉食，有时，我就是被猎杀的猎物。

我在大三开始创业，1995年毕业时，放弃毕业分配，南下广州创业，10年后将一家公司卖给在纽约证券交易所上市的一家公司，也参与了新公司在纳斯达克的上市工作。我与犹太人合资开发了几百万平方米的房地产项目，并在事业高潮时选择离开。这25年如白驹过隙，在时代的大浪中，我尝尽苦辣酸甜，又刻意与其保持距离，仿佛一切都是在为《人生算法》积累素材。

在本书里，一方面，我享受孤独思考的乐趣，写下"概率权、思考率、灰度认知黑白决策、三门模型"等原创概念；另一方面，我探讨的一切问题，全部落在某个足够坚实的前沿学科上，如思维的基本颗粒、大脑决策机制、行为经济学、概率、人工智能、算法、投资、认知科学等。我不希望阻挡读者顺着线索，向更广阔的认知海洋探险的权利。你可以踩踏"人生算法"，利用它，怀疑它，鄙弃它，只要它能唤起你的某些"对思考的思考"。

得益于公众号"孤独大脑"被越来越多的人关注，"人生算法"这个我原创的概念开始流传开来，出现在罗振宇跨年演讲和一些商学院的课堂上。随后，《老喻的人生算法课》在得到App（应用程序）上线，其受欢迎程度令人十分意外。

《人生算法》这本书的核心观点是,任何一个人,只要找到属于自己的人生算法,就有机会突破命运的局限,实现富足自由的人生。

你也许会觉得有点儿奇怪,"人生"关乎"命运",充满了不确定性;"算法"关乎"科学",追求客观和精确,这二者搭配在一起,怎么让人觉得像是"科学算命"呢?其实,富兰克林就说过"道德算数",认为人的心智是可以计算的。

金融大鳄索罗斯写下《金融炼金术》,则吸收了物理学家海森堡的"不确定性原理"和哲学家波普尔的"试错法",形成了独树一帜的赚钱理论。

那么,什么是"算法"?又有哪些理念能被称为"人生算法"呢?算法就是解决某个问题的计算方法和可重复的实施步骤。"人生算法"正是教你用科学的思维和方法,应对人生旅途中的不确定性。人生算法绝非讲道理,也不仅仅寻找公式,而是可以在复杂现实中运行的程序。

人生算法由两大模块构成,分别是A计划之"九段心法"和B计划之"十八关挑战"。

利用A计划,你将修炼"九段心法",通过大脑升级,建立内在的确定性,形成你的人生算法。这一模块为你搭建了一个可以循序渐进、逐步习得的思考和行动框架,就像美猴王拜师学艺,最终拿到金箍棒,炼成火眼金睛。

我用围棋的段位描述实现人生算法的九个层级:从初段到六段,是一个切割钻石的过程,目的就是不断找到真正属于你的最小的那个内核;从七段到九段,就是如何通过复制,令最小的内核最大化,实现自我的涌现和规模效应。九段,是一个求解的过程,而你是这道题最大的已知条件。

利用 B 计划,你将逐一破解 18 个人生难题,检验你的人生算法,应对外在的不确定性。B 计划的底层是概率思维。这个世界的法则正在由"因果论"转为"概率论",从自然世界到人类社会,从科学公式到人生算法,莫不如是。

可以毫不留情地说,在现实生活中,对于绝大多数人而言,毕生所学的数学知识都没有几个极其简单的概率计算重要。这些概率计算不仅是传统教育忽略的,也是大脑直觉不擅长的。

概率和人生算法的关系是什么?在 A 计划里,我们一直在追寻可以大规模复制的"大概率事件";在 B 计划里,我们则要全力避开那些致命的"极小概率事件"。

B 计划的十八关,与其说是过关打怪,不如说是,我们借助概率思维,避开那些可能给自己带来不可逆的大麻烦的事物。这十八关几乎涵盖我们人生历程中最常见的那些场景和主题。人生算法的 B 计划,就像孙悟空师徒到西天取经,历经磨难,终成正果。人的一生,不也是一场修行吗?

这个世界不是依靠道理运转的。人生算法试图用一种数学、物理的方法,从头推理,定量思考,探寻人间万事万物运转的底层规律。在许多未知领域,人生算法也依赖常识、美德和心法。在我看来,这些属于"粗线条算法"。

如量子力学创始人普朗克所说:"科学之所以不能揭示大自然的最

终奥秘,是因为归根结底,我们自己就是我们不断试图解决的奥秘的一部分。"

计算机和互联网带来的算法革命正逐渐统治这个世界。可以预见的是,人工智能将成为未来几十年最重要的科技力量之一。在滚滚而来的时代趋势下,你要么找到自己的"人生算法",要么沦为他人的数据。

假如真有一个造物主,他为何如此设计我们的这个世界?有人说,上帝是个程序员,他通过调节参数,调整每个人的命运。果真如此,造物主一定不会亲力亲为地控制每个人的参数,而只会设计一套算法,然后把旋钮交给每个人。这个世界上总有某个谜团,只有你的算法才可以解开。所以,假如有人问我,《人生算法》讲的到底是什么,我会说,它讲的是一次自我意识的塑造之旅。

你的人生算法,是什么?

使用指南

应对不确定性的
7个思维模型

《人生算法》的底层原理由 7 个思维模型构成。由于全书围绕一个人的自我成长和世俗挑战展开，所以这 7 个思维模型虽然隐藏在主线之后，但却是一切思考的源头。

七个思维模型

1. 发现认知的原子
   认知飞轮

2. 切割你的大脑钻石
   用犯错检验算法

3. 穿起你的人生切片
   形成个人复杂系统

4. 驾驭你的人生汽车
   在反馈中控制算法

5. 整合"实力、运气和资源"
   建立三层概率框架

6. 穿越不确定的现实
   用反知识应对未知

7. 以不败实现"幸福以终"
   从概率权到贝叶斯

1. 发现认知的原子：认知飞轮

物理学家费曼曾经写道："假如由于某种大灾难，所有的科学知识都丢失了，人类只能将一句话传给后代，那么怎样才能用最少的词语表达最多的信息呢？我相信这句话是原子假设，即所有的物体都是由原子构成的。"《人生算法》里的认知飞轮，就是人类思维的"原子"。

人的行为过程主要由人对环境信息的获取、感知、处理和输出组成，即感知、认知、决策、行动的过程。我们思考一个问题，做一件事，开展一个项目，都需完成这个认知飞轮。我们的每天、每年、此生，都是由无数个或完整、或残缺的认知飞轮叠加而成。你在每个节点扮演的角色是不一样的。

- 在感知环节，你像一个情报员，目标是获取外部信息，所以你需要很敏感。
- 在认知环节，你像一个分析师，需要特别理性，考虑各种变量，并且给予它们客观的估值。
- 在决策环节，你像一个指挥官，必须根据分析师的评估计算，做出一个决定，而且这个决定必然是有取舍的，你需要十分果断。
- 在行动环节，你像一个战士，需要不畏艰险，勇往直前，完成任务。

我把这 4 个环节的要求总结为 16 个字，即好奇感知、灰度认知、黑白决策、疯子行动。

```
         感知
      ↗       ↘
   行动  滚雪球  认知
      ↖       ↙
         决策
```

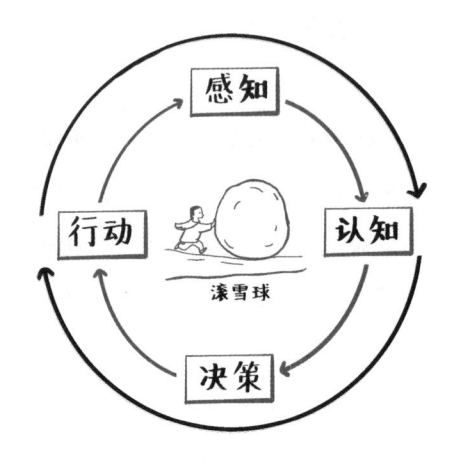

2. 切割你的大脑钻石：用犯错检验算法

大多数人会犯一个严重的错误，即把认知当作集邮。事实上，认知的提升更像切割钻石。并非打不死你的东西让你更强大，而是你快被打死之前握在手里的那部分"自我"，它才是你最强大的优势。人生算法的秘密就是发现"自我优势"这个内核，然后放大它，强化它，形成规模。找到这个可以大规模复制的内核，就像切割钻石，艰难且痛苦。总想维护自己正确性的人大多数是脆弱的，能够从错误中变得越来越强大的人是反脆弱的。

残忍的现实往往是最好的进化导师，它帮你消除那些虚妄、似是而非并且不属于你的东西，通过切割让你看清自己到底是谁，所以，如果海底捞的张勇的厨艺没那么差，说不定他会晚成功很多年。

奥卡姆剃刀的简洁性，决定了其手术刀般的精确和冷酷，但能够对自己下刀的人极少。生活的价值，工作的压力，社交的冷漠，都是在为个人营造一个奥卡姆手术室，你要么自己下刀，要么被别人下刀。

罗素说："我绝不会为自己的信仰献身，因为我的信仰可能是错的。"

人生算法就像科学发现和精益创业，都是通过快速且聪明地犯错，检验你的算法。

3. 穿起你的人生切片：形成个人复杂系统

人和人之间的差别没那么大，如同蚂蚁之间不会有太大差异。就像桥水基金创始人瑞·达利欧说的，"我阅人无数，没见过有人天赋异禀"。很多只蚂蚁在一起组成蚂蚁社会，就会涌现惊人的智能，做成单只蚂蚁永远无法做成的事情。

让我们做一个思想实验，假如把你的一生沿着时间轴，切成无数个切片，就像快照那样，是否可以说，其实你的命运是由无数个时间切片上的你组成的？每时每刻，每个决策的你，每个行动的你，就是一只蚂蚁。无数个不同时刻的无数个你我，叠加在一起，构建了智能社会。蚂蚁之间的传输控制协议是这个智能系统的算法，不同时刻的你之间的关系和连续性是你的算法。

每个认知飞轮，就像一只蚂蚁。一只蚂蚁也许不够聪明，但拥有算法的蚂蚁社会却涌现了超凡的智能。其实，人也一样。所谓成功，就是穿起你的人生切片，通过算法形成智能社会，让涌现发生。

4. 驾驭你的人生汽车：在反馈中控制算法

管它是什么车，先让它跑起来。更何况，在烂泥地里，法拉利未必跑得过拖拉机。

2013 年，今日头条还没有广告系统，就接了第一个信息流个性化推荐广告，结果用"临时"的方法勉强推出，效果虽然一般，但是实现了闭环。这让张一鸣想起一个故事，乔布斯在 17 岁生日时，收到父亲送的一辆车，虽然那辆车非常破，但是乔布斯说"But still it is a car"（毕竟是辆车）。

要形成闭环，获得反馈，就必须亲自开车上路，甚至边开车边组装。反馈比完美更有价值。所谓"反馈回路"就是一个连续的循环机制，这正是诺伯特·维纳开创的"控制论"研究的关键。

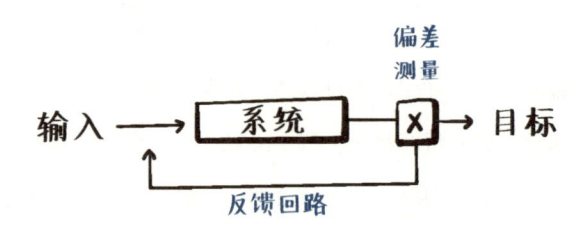

```
                    偏差
                    测量
输入 ───→ 系统 ── X ──→ 目标
      ↑                │
      └──── 反馈回路 ────┘
```

控制论是用科学方法研究一个系统如何在不可预测的环境干扰下追求并实现一个目标。尼采说过："聪明的人只要能掌握自己，便什么也不会失去。"人生算法需要在控制和反馈的过程中形成闭环，实现思考、行动和意志之间的整合，最终使其成为一个人内在的一部分。

5. 整合"实力、运气和资源":建立三层概率框架

在生活中,我们经常会讨论:"那个家伙的成功,是靠实力,靠运气,还是靠关系和资源?"从人生算法的理性角度来看,我们可以通过一个三层的概率框架,把实力、运气和资源整合在一起,进行观测和计算。

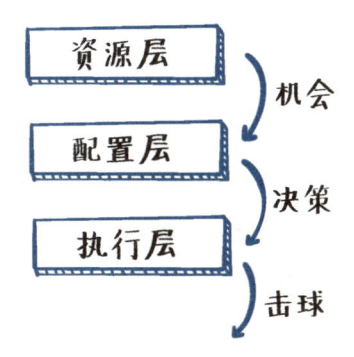

```
资源层
   ↘ 机会
配置层
   ↘ 决策
执行层
   ↘ 击球
```

泰德·威廉姆斯在他的《击球的科学》一书中这样描述道:"对于一个击球手来说,最重要的事情就是等待最佳时机。"巴菲特认为这句话准确道出了他的投资之道。等待最佳时机,等待最划算的生意,它们一定会出现,这对投资来说很关键。

泰德·威廉姆斯技巧是:第一步,把击打区划分为 77 个棒球那么大的格子;第二步,给格子打分;第三步,只有当球落在最佳"格子"时,他才会挥棒,即使他有可能因此三振出局,因为挥棒打那些落在"最差"格子的球会大大降低他的成功率。他的秘密在于,将自己的"概率世界"变成两层。

一是执行层,也就是他击球的这个层面。在这个层面,无论他多么有天赋,多么苦练,他的击球成功概率达到一定数值后,就会基本稳定下来,再想提升一点点,都要付出巨大的努力,而且还要面临新人的不断挑战。

二是配置层,也就是他做选择的这个层面。他在配置什么呢?决定哪些球该打,哪些球该放弃。

以此,我构建了一个同样适用于现实生活的模型。

第一层:资源层。有各种球袭来,有的是好球,有的是坏球,无法预测。

第二层:配置层。对于击球手而言,这时要做两件事,一是对球进行评估,二是决定是否击球。当然,击球后要对整个过程进行复盘(贝叶斯更新),对前面的评估系数进行调整。

简而言之,一个人一辈子的好运气是由三层概率构建的,取决于三个旋钮。命运的最终结果决定于三层概率的整体完成度,而不是某一层的好坏。世俗意义上成功的企业或者个人打通了资源层、配置层、执行层。人生算法让我们进入世俗世界之上的抽象空间,对人生、自己形成全局观。

6. 穿越不确定的现实:用反知识应对未知

正如马克·吐温嘲讽的,那些给我们带来大麻烦的问题,并非源于我们不知道的东西,而是源于我们误以为自己知道的东西。用塔勒布的话来说,就是"你不知道的事比你知道的事更有意义"。

证伪比证实更有现实价值，例如，你没法证实这个世界上没有会飞的猪，但你可以证伪这个命题，只要你找到一头会飞的猪。其实，人们并不这么想。我们花了太多的时间寻找"好运气的炼金术"，但不明白，长期走好运气的办法是远离那些让你翻不了身的坏运气。

庄子说："故天下皆知求其所不知，而莫知求其所已知者；皆知非其所不善，而莫知非其所已善者，是以大乱。"很有趣，庄子似乎在为人生算法写注脚。他上半句是讲，天下人都只知探求自己不知道的事物，但没有人探求自己已经知道的事物。人生算法 A 计划的本质，就是"求其所已知者"。他的下半句是讲，人们只知批判自己认为不好的事物，但没有人批判自己认为好的事物。这就是科学的怀疑精神。人生算法 B 计划的本质就是"非其所已善者"。

生命不是一个靠拥有而证实的过程，而是一个因失去而证伪的过程。斯多葛学派认为，对成功者而言，抛弃无用的东西是必须具备的能力。

叔本华曾说："这个世界仅有一个天平，就是灾难痛苦和邪恶罪行对等的天平，除此之外，再无其他，衡量自己幸福的标准不是有过多少享乐，而是躲过多少灾祸。"

《人生算法》主张，那些我们自以为懂得的人世规律，在无尽的未知宇宙，只是一个非常小的过家家游戏，充满虚妄的规则和天真的假设。

7. 以不败实现"幸福以终"：从概率权到贝叶斯

未来无法预测，这个世界并不存在人生的屠龙术。我们只能根据概率下注，并随时根据新的数据进行贝叶斯更新。梭伦说："能幸福以终的人，我们才能称之为幸福快乐。"那么，对成功的定义是否可以是能不败以终的人，我们才能称之为成功人士？然而，想要不败，必须主动求败，试小败而避大败。这个过程很难，因为其中充满了偶然和意外。

我创造的"概率权"这个概念，是指概率是一个人的权利，人们对这项权利的理解和运用，决定了其在现实世界中的财富。在贫富差距的关键决策点上，穷人打折甩卖自己的概率权，而富人则利用人生算法低价购买概率权。

时间作为惊人的变量，会令某些小概率事件成为"岁月遍历性"的大概率事件。对于那些极小概率的致命伤害，我们要保持杞人忧天般的偏执。

这类事件要么成为杀死财富和幸福的黑天鹅，要么被聪明人把握，将其变成"凸性机会"：他们抓住那些被错误定价的小概率事件，利用时间复利，实现概率复利，在凸性曲线的保护下，最终收获巨大的正期望值。

对于大多数人而言，人生更多的是工作和创造价值，并在此过程中找到算法，强化算法，该过程就是"贝叶斯推理"。贝叶斯推理可以被总结为：通过观察行动（信息），将先验概率通过贝叶斯更新转化为后验概率。这个后验概率又可以变成下一次推理的先验概率。贝叶斯推理像一个不断进化的引擎，具有自动升级推测的学习功能，让我们在有限的信息下，穿越未知的大海。贝叶斯主义者是这个世界上最佳的持续学习机器，这正是芒格眼中的"巴菲特最大的成功秘密"。

绝大多数时候，我们的人生都犹如置身无边无际的大海，只拥有极少的已知条件，但是凭借有限的努力和笨拙的推理，你我都有机会让自己脱离险境。

生活通过（对你以为的"真相"）说"不"的方式，帮助你一步步逼近真相。那个相信上帝的贝叶斯牧师创造的公式仿佛在告诉我们："你的自由意志恰恰存在于你在这个不确定的世界的每一次探索和挣扎，存在于你永不放弃的概率权。"

广义而言，大自然有两个重要的算法，一是进化，二是大脑，后者难免会被归为前者。在现实中，我们虽然会拼命思考，但是极少思考自己的思考。本部分先围绕认知飞轮，搭建一个内心演练模型，从元认知出发，帮助人们成为大脑真正的操控者。

人生创造算法，而非算法创造人生。

第一部分
人生算法九段

初段 二段 三段 四段 五段 六段 七段 八段 九段

初段 闭环
如何对抗完美主义

聪明人最大的自我陷阱是聪明会成为前行的障碍。在做一件事情时，聪明人会想得更深，看得更远。但是在现实世界中，有时候我们必须不管不顾地做一些"走一步，看一步"的事情。

在找到可大规模复制的内核之前，我们要勇于做"一次性"的事情，关键是完成、交付、射门，哪怕跌跌撞撞。

2016年，腾讯联合创始人陈一丹先生设立了一个神秘奖项——"一丹奖"。这个奖项虽然只针对教育事业，但是它的奖金却高达3 000万港元，几乎是诺贝尔奖奖金的三倍半。

首届"一丹奖"颁发给了谁呢？获奖人之一是斯坦福大学心理学教授卡罗尔·德韦克。鉴于该奖项的含金量很高，人们难免好奇：德韦克教授究竟做出了什么教育研究成果，才能获此殊荣？这里先卖个关子，因为德韦克的研究正是九段心法初段的谜底。

懂围棋的朋友知道，对于很多职业棋手而言，一辈子最难忘的就是入段，也就是拿到初段。我们在本章论述的正是九段心法当中的初段——闭环。

认知的闭环

"闭环"这个词来自PDCA循环，又叫"戴明环"，是美国管理学家戴明博士提出的一个模型。管理学上的闭环包括计划（Plan）、执行（Do）、检查（Check）、处理（Act）。戴明提出，PDCA是一种螺旋上升的知识增长模式，每一层都是一个独立的PDCA循环；新的循环把上一次循环的结果作为已知条件，于是越来越接近螺旋结构顶端的终极目标。

当我们拆解大脑认知的时候会发现，大脑"从获取信息到采取行动"的过程同样包含4个动作，分别是感知、认知、决策、行动。我们积极地做以上4个动作，就可以完成认知的闭环。

从我们日常生活的视角来看，闭环就是把一件事情做完。我们平时夸一个人靠谱，也就是说他"凡事有交代，件件有着落，事事有回音"。你可能觉得这些听上去无足轻重，但它对于一个人、一家企业的早期发展至关重要。扎克伯格在创业初期，在脸书的办公室墙上贴了一条标语——比完美更重要的是完成。这条行动准则，就是要激励每一位员工按时交付，快速行动。

闭环这么重要，似乎也不难实现，但为什么在真实生活中它又显得那么稀缺？一个人要做到靠谱，一个企业要做到及时交付，并不容易。根据我的观察，这主要有以下4个原因。

第一，事情本身难以形成闭环。比如，有阵子海外地产特别热，但是这个生意要做大却不容易。一方面，在海外买房的链条特别长，看房需要跨国飞行，沟通成本高，付款麻烦，交易难以形成闭环。另一方面，客户分布特别散，要在全国撒网捕捉客户，营销难以形成闭环。因此，海外地产项目的规模一般不大。

第二，个人或者企业的能力难以形成闭环。我接触了很多创业的朋友，观察到一个很反常的现象——烧烤摊老板比明星企业的副总裁更容易创业成功。烧烤摊的生意虽然小，老板的受教育程度也未必那么高，但是他需要完成找场所、进原料、生产、销售等步骤。也就是说，烧烤摊老板具备闭环能力，并从实战的角度把生意的整体逻辑过了一遍。大公司的副总裁呢？学历高、职位也高、经验很丰富，但他的工作只是大系统中的一个小环节，一旦独立创业，他很有可能无法独立完成闭环。

第三，不愿意把手弄脏。定战略大家都愿意，卷起裤腿下地干活，很多人就不肯了："这种脏活累活，怎么可能由我干呢？"这是他们真实的想法。这种只负责战略、不肯实干的人，自然也无法完成闭环。

第四，坚持完美主义。完美主义通常的做法是把每种路线都尝试一遍，找出最优解。这种方式追求高质量，有其积极的一面。但是大多数时候，它的操作成本过高，因为现实生活中很难在短时间内找到最优解。完美主义继而容易陷入拖沓的境地，阻碍闭环的完成。

完成闭环的要求

那么完成闭环有什么要求呢？很多人认为要靠谱，完成任务，给别人一个交代。这么想的人其实掉入了"讨好型人格"的陷阱：你在意的是他人的评价，事实上并没有从事物最终的对错出发进行判断。

如果不是给别人一个交代，那么是"给自己一个交代"吗？也不对。完美主义者就是典型，他们总想证明自己聪明、正确、高瞻远瞩，绝不轻举妄动，这本质上就是害怕失败。那应该怎么办？一种不起眼的小动物——蚂蚁给我们提供了一种新思路。

科学家们发现,蚂蚁出动搬运食物的时候,不管地形多么复杂,距离食物多么遥远,它们总能找到一条最优路线。原来,每只蚂蚁一开始都会随机选择一条路线,并且留下一种叫作信息素的物质。若干只蚂蚁找到了食物,也就留下了若干条搬运道路的信息。最后,短路径上的蚂蚁数量总是比长路径上的蚂蚁数量多。因为路越短,相同时间内蚂蚁往返的次数就越多,在路上留下的信息素也就越多,蚁群就会慢慢聚集到最短的路径上。

蚂蚁不停重复这个过程,最终总能找到一条最优路径,这就是著名的"蚁群算法"。同理,我们在日常生活中完成的每一个小闭环,就像蚂蚁随机选择的路径,单个闭环或单条路径可能非常简单,但当多个闭环或多条路径的信息聚集起来的时候,就能找到最优解。

遇到问题,我们与其闷着头想,憋大招儿,不如迈开双腿,先完成一个闭环再说。勇于尝试,不停修正,自然能一步步逼近问题的最优解。因此,我们在闭环这件事上吃的亏,并不是"怎么做"的问题,而是"做不做"的问题,真正的问题出在了思维方式上。这就需要揭开在本章开篇埋下的谜题了。"一丹奖"得主卡罗尔·德韦克教授的获奖课题是"固定型思维模式"与"成长型思维模式"的区别。

做个成长型思维的人

具备成长型思维模式的人认为,所有的事情都离不开个人努力,这个世界上充满了那些帮助我们学习、成长的有趣挑战。具备固定型思维模式的人则认为,自己的智力和能力被决定了,不会变化,而别人的评价就是给自己下的结论,所以他们极度在意外界的评价,他们看重的不是事情本身的乐趣,而是获得正面评价。

你可能觉得具备固定型思维模式的人太傻,没有人会这样想。但事实上,很多人都有证明自己的强烈目标,我们自己身上可能就有一些固定型思维的影子。至于这两种不同思维方式的人在真实行动中的区别,德韦克教授先用测评把学生分成"成长型"和"固定型"两类,然后观察他们在面对挑战时的真实反应。

在香港大学,英语的使用非常普遍,但有些学生在入学的时候英语并不流利,他们理应尽快提高英语水平。德韦克教授调查了两类学生参加"英语提高课程"的意愿,统计显示:具备成长型思维模式的学生非常踊跃,而具备固定型思维模式的学生却反应不积极。这是因为,固定型思维的学生不想暴露自己的不足,为了在短时间内看上去聪明,他们宁可拿自己的前程冒险。

试想一下,在你的身边是不是有很多这样"怕犯错的聪明人"?

应如何培养有成长型思维的人?德韦克教授和其他团队合作开发了一款"奖励过程"的游戏。学生们每一步的努力、策略和进步都会受到奖励,而不会像应试教育那样,只奖励结果,只有高分才算成功。随着游戏的深入,学生们想出了更多的策略,当遇到特别困难的问题时,他们也展现了更为持久的韧劲儿。

德韦克教授的这套成长型思维教学已有不少成功案例。美国纽约州南布朗克斯区的教学水平远远落后于其他地区,而在当地小学采用成长型思维的教学模式后,四年级学生的平均数学成绩在一年的时间内就升至纽约州第一名。这就是成长型思维带来的巨变。

回到初段的核心问题——闭环。闭环是为了形成一个反馈系统，给自己的未来按下启动按钮。我们通常认为，闭环是为了给别人一个交代。其实不然，它不是为了给别人，抑或给自己一个交代，而是给未来一个交代。采用一种成长型的思维模式，迈出用行动改变自我的第一步，你就能获取和未来的某种连接。

→ 复盘时刻 ←

1

在闭环这件事情上,大概可以分为 4 个层次:无法闭环,为别人闭环,为自己闭环,为未来和真理闭环。你属于哪个层次?

2

有些人的"成长型思维"是假的。他们看起来很乐观,积极向上,但骨子里并非如此。

3

"Chutzpah"这个单词源于希伯来语,字面意思是"厚颜无耻,胆大包天,傲慢自大",同时它也指一个人即便不断失败,也会重新站起来积极尝试。

4

本章提及的蚂蚁的案例,蚂蚁的特点是积极、勤劳、勇敢,有系统。

5

人会受挫,受挫的时候就很难积极思考。看一支队伍是否厉害,关键看其打败仗时队伍是否依然严整。人想太多,就会太在乎即时结果,太在乎别人的评价。

6

真正的冒险家并非只是胆子大,或者能力超强,而是他们能够接受有些冒险不会有结果。闭环,正是面对不确定性要培养的第一个能力。

7

再说蚂蚁的"系统":通过信息素,蚁群形成了自己的算法。每只蚂蚁的探索,不管成败,都是在服务一个系统。你会发现,蚂蚁既简单,又有系统。兼顾两者其实是一件非常困难的事。

8

卡罗尔·德韦克说:"相信才能可以被培养(通过努力工作、好的战略以及向他人学习)的人都具有成长型思维。"相较于那些具有固定型思维的人(认为才能是天生的),拥有成长型思维的人会收获更多。这是因为他们很少担心自己看上去是否聪明,而是将更多的精力放在学习上。我们应该把好事和坏事都当作成长必须经历的磨炼。用稻盛和夫的话说,"提升心性,磨炼灵魂"。

9

马克·吐温说:"20 年后,让你感到失望的不会是你做过的事,而会是你没做过的事,所以,请解开绳索,驶离安全的港湾,扬帆起航吧。去探索,去梦想,去发现!"

10

我们的文化钟爱大道理,或者大招儿。成长型思维看起来既不是大道理,也不是大招儿。但这就是"初段"要强调的能力,也是通往九段的第一步。事实上,很多人一辈子都入不了段,只在人生的大门口担忧、彷徨。

初段 二段 三段 四段 五段 六段 七段 八段 九段

二段 切换
掌控大脑的两种模式

当直觉与算法结合,才能产生魔力。

我更喜欢把直觉视为大脑的涌现。所以,突破性思想偏爱受过训练的、积极的头脑。

有灵感的人不擅长干可重复的"笨事情",不够聪明的人又无法理解可重复的"笨事情"需要基于一个了不起的灵感。

而厉害的人,则可以自由切换。

在初段——闭环的基础上,我们可以进入"九段修炼"的下一个段位——切换。你需要理解大脑运行的两种模式:"自动驾驶模式"和"主动控制模式",还要学习在两种模式之间自如切换。

我先给你讲碧昂斯的一个秘密。她是世界级的超级巨星,其唱片在全球已经卖出一亿多张,还拿下了22项格莱美奖。碧昂斯在巡回演唱会的舞台上激情四射,气场强大,引吭高歌。可是演唱会一结束,她就会化身为一名产品经理,在酒店房间反复回放刚刚结束的演出的录像,从各个角度研究,寻找需要改正和可以突破的地方。翌日早上,碧昂斯团队的所有成员,包括乐队、伴舞、摄像师等,都会收到她写的几页笔记,上面写着他们在接下来的演出中需要改进的地方。

你可能会感到奇怪:"碧昂斯如何做到在台上激情四射,在台下又理性十足?"她身上就好像装有一个开关,可以在激情和理性之间自由切换,这是厉害的人物具备的一项重要特质。

大脑运行的两套系统

事实上，人之所以可以迅速调整状态，并且在激情与理性之间切换，与大脑独特的运行模式有关。

一些科学家认为大脑里并行着两套系统：一套是快速、自动并且基本无意识的，一套是缓慢、刻意和深思熟虑的。我把大脑的这两套运行系统称为"自动驾驶系统"和"主动控制系统"。举个例子，一个人在刚开始学开车的时候会特别紧张，每个动作都小心翼翼，到了路口东张西望，打个方向盘还要数圈儿。这个时候，就是"主动控制系统"在发挥作用。等到他成为老司机，一切驾轻就熟，开车回家几乎都不用动脑筋了，此时的思维是高度自动化的，人们甚至意识不到它的存在。这个阶段就是"自动驾驶系统"在发挥作用。这时，你甚至可以一边开车，一边听音乐，或想点儿心事，看看沿途的风景。

"自动驾驶系统"的特点是快。例如，你在驾驶汽车遇到突发事件时猛踩刹车，这是一个自动处理的动作，包含反射、本能、直觉、冲动。"主动控制系统"则显得有些迟钝，因为它需要深思熟虑，调用经验、记忆、分析和理性。

在大脑中，这两套运行系统时常发生错位：该自动驾驶的时候控制太多，而该主动控制的时候却又自动驾驶。比如，一位男士在买价格为一两千元的手机时会反复研究，在买几万元、几十万元的股票时却不过脑子；一位女士为了选一条裙子能跑几十家店，选结婚对象却只用了三分钟。

为什么大脑会形成两套截然不同的系统呢？这需要我们追溯大脑

的进化历史。人类的"自动驾驶系统"主要由大脑进化较早的部分——包括小脑、杏仁核和基底神经节等——支配。而"主动控制系统"则在前额皮层运行。两个系统各有优劣，但大部分时候，大脑都是靠"自动驾驶系统"在运行。

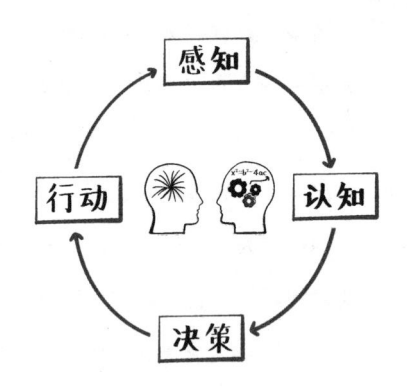

```
         感知
        ↗    ↘
     行动    认知
        ↖    ↙
         决策
```

这是因为"自动驾驶系统"非常优秀，能帮我们快速处理日常事务。英国生物学家理查德·道金斯在《自私的基因》一书中写道："一个人把球抛向高空，然后又把球接住，他在完成这个动作时好像事先计算了一组预测球的轨道的微分方程。他对微分方程可能一窍不通，也不想知道微分方程是什么玩意儿，但这种情况不会影响他抛球与接球的技术。在某个下意识的层面，他进行了某种在功能上相当于数学演算的活动。"

2011年，NBA（美国职业篮球联赛）球员雷·阿伦投出职业生涯的第2561个三分球，打破了世界纪录。记者问他是怎么做到的，他在投球的时候会想什么。阿伦回答道："如果你在投球时刻意瞄准，那么瞄准的那一刻，也就是你把球投到篮筐左边或右边的时候。只要瞄准，就会有各种错误发生。要想投进，你只需走到一个能够舒服投篮而不必瞄准的位置……接着只要身子跃起，手腕一翻，球就自己飞进篮筐了。"阿伦的答复告诉我们，在实战中，你必须把投篮、射门这类动作交给"自动驾驶系统"，因为这就是它的特长。

我们依赖"自动驾驶系统"，还有另外一个原因，即主管"主动控制系统"的大脑前额皮层实在太"年轻"了。加州理工学院行为经济学教授科林·凯莫勒表示："前额皮层是人类独有的，它非常薄，很容易超负荷运行，指望它来做更多深思熟虑的决策，让我们少干拍脑袋的蠢事，其实不太可能。"这就是为什么大家天天都在说理性，说思考，但真要做起来就觉得很不舒服，很反人性。

驾驭大脑两套系统的混合策略

那该怎么办呢？我们是不是只能听任"自动驾驶系统"的指引？事实上，你还可以采取另外一种方法——混合策略。就像我们提到的碧昂斯的秘密：在演唱会上启动"自动驾驶系统"，尽情释放自己的能量；到晚上复盘的时候，就切换至"主动控制系统"，自我审视，主动改善，探索创新。

至于三分球世界纪录的创造者阿伦，他经常提前三个小时到赛场练习投球。大量由"主动控制系统"主导的练习，让他在比赛中"自动"找到了投篮命中的感觉。

这样看来，高手做好一件事的秘密，就是在最开始的时候通过

"主动控制系统"管理、训练，达到一定的熟练程度，再交由"自动驾驶系统"接管。

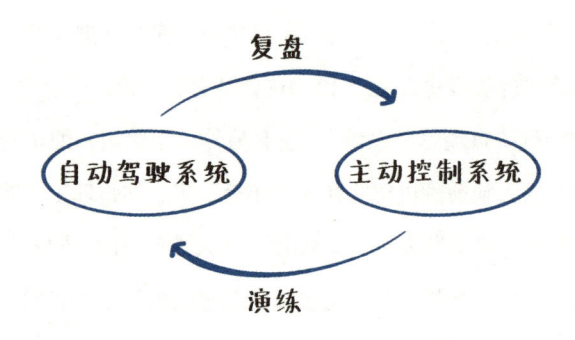

```
        复盘
   ┌─────────→┐
自动驾驶系统    主动控制系统
   └←─────────┘
        演练
```

在生活中，我们经常会混合使用"自动驾驶系统"和"主动控制系统"。比如，我们用无意识的视觉系统将光线加工成图像，用有意识的视觉系统观察体验周围的景物。简单来说，一个是用眼睛看，一个是用心"看"。

有时，我们评价一个人的工作能力，会说他眼中有没有活儿。几乎所有人都可以通过"自动驾驶系统"看到外部世界，但只有那些眼中有活儿的人，才能调用"主动控制系统"发现问题和机会，并想办法解决问题，抓住机会。

那么，如何培养在两种模式之间自如切换的能力呢？结合自己的见闻和经验，我发现了三个特别实用的攻略。

第一，把不那么重要的事情交给"自动驾驶系统"。

美国前总统巴拉克·奥巴马曾经说，自己将琐碎的日常决定自动化，从而将精力集中在重大决策之中。他在接受《名利场》的采访时表示:"人们会看到我只穿灰色和蓝色西装,会减少在不那么重要的事情上做决策的次数,不那么频繁地想吃什么、穿什么,把精力集中投到重要决策上。"按照奥巴马的说法,删繁就简的诀窍就是"给自己的生活设计一套刻板动作,这样就不必为鸡毛蒜皮的小事分心"。

第二,使用"自动驾驶系统"后,积极用"主动控制系统"复盘。

当你将自己熟练的工作交由"自动驾驶系统"处理后,对这件事的重视程度会慢慢降低,你也就失去了进步的空间。相反,通过"主动控制系统"复盘,自我审视,不仅可以给"自动驾驶系统"做体检,还能提升其性能。这方面,我们要向碧昂斯学习。

第三,在大脑中用"主动控制系统"模拟"自动驾驶系统"。

我曾问世界游泳冠军庄泳是如何训练的,她半开玩笑、半认真地说:"我很懒,有时候我会在脑子里训练,想象自己拿到冠军时的场景、节奏和动作。如果我能够在比赛的时候找到这种感觉,成绩就会很好。"

后来,我在一本书上看到老虎伍兹的父亲回忆这位高尔夫天才的逸事——每年的大赛之前,伍兹都会用一个星期的时间调整精神和身体状态,比如,开车到比赛现场,在那里练上几轮;等到回家后,伍兹会躺在床上,闭上眼睛,在脑海里练习在比赛中要打的那些球。

这种精神备战法,被称为心理演练。它能增强成功意识和比赛信心,助力运动员取得较好的成绩。难怪传奇高尔夫球手鲍比·琼斯曾说:"高尔夫球赛发生在一块只有5英寸[①]宽的场地上,那就是你的两耳之间。"

[①] 1英寸≈2.5厘米。

没错，我们就是用自己的大脑，在"主动操作系统"和"自动驾驶系统"的切换之间驾驭我们的一生。

我想用我曾经和朋友分享的一句话作为总结：一切脑力活动，最后拼的都是体力；一切体力活动，当然只是那些看起来以体力为主的活动，最后拼的都是脑力。如果你能同时掌握两个系统，并且在中间自由切换，那你就可以成为"人生算法"的二段高手。

→ 复盘时刻 ←

1

有人说,大脑的自动驾驶和主动控制,不就是《思考,快与慢》的作者卡尼曼所说的系统 1 和系统 2,又或者就是"直觉和理性"吗,有什么新鲜的?

2

没错,概念很多人都知道,但是概念与你有什么关系呢?如果你不懂得其深层机制,概念就只是几个字而已。

3

知道一个东西叫什么和知道一个东西是什么,完全是两回事。即便知道了是什么,想进一步了解也不是一件容易的事。

4

我试图探索"自动驾驶模式"和"主动控制模式"的系统结构(静态)和动力学机制(动态),这样才可能和我们的现实产生关联,也会对我们的思维方式和行为方式有所裨益。

5

要做到这一点,你必须跳出自己的思考并审视自己的思考。可惜,很多人一辈子都无法飘浮到自己的头顶进行鸟瞰式自我审视。

6

这种自我审视,不是小学生写检讨,而是去做科学实验:根据一定的目的,运用一定的仪器、设备等物质手段,在人工控制的条件下观察、研究自然现象及其规律性,这是一种社会实践形式,也是获取经验事实和检验科学假说、理论真理性的重要途径。对公司而言,也应如此审视。

7

人的一生,其实就是大脑这个司机在操作我们自己这辆车,基本动作除了转动方向盘,就是踩油门、踩刹车。

8

再看"大脑刹车"原理:大脑可用来控制闭嘴、止步,但常常控制不了自己。如同驾驶,有时踩刹车比踩油门重要。我在某次下棋过程中,在一个可以痛砍对方的点刹车,改为自己先稳活;又在一个想妥协的点刹车,选择痛下杀手;结果是,中盘胜之。

9

在决策点,类似于在"三段"要讲的"内部控制点",大脑刹车的意义是:决定是或否,决定方向,决定力量大小。

10

对于实现杰出心智而言,前额皮层有一项重要功能,即说"不"和控制我们冲动的能力。《史上最强的大脑书》给出了强化刹车的方法:形成卓越大脑;在纸上列出你想要的并经常审视;犀利专注;长痛不如短痛,直接说"不";说"我要考虑一下,如想要,我会找你"。

一切脑力活动，

最后拼的都是体力；

一切体力活动，

最后拼的都是脑力。

初段 → 二段 → **三段** → 四段 → 五段 → 六段 → 七段 → 八段 → 九段

三段 内控
跑好大脑的四人接力赛

大脑最神奇之处,也许在于它会思考自己。

很多时候,决定一个人命运的,并非他的思考,而是他对自己思考的思考。狄更斯说:"一个健全的心态比一百种智慧更有力量。"何谓"健全"?就是指一个人思维内控点的完整性。

为了让大脑更好地思考自己,我绘制了一个认知飞轮,就像物理里的原子,化学里的分子,生物学里的DNA(脱氧核糖核酸),信息学里的0和1。

这是大脑认知的基本单元,也是一个可视的、可感知的甚至可以操控的模型。

如果说，人生算法二段介绍了大脑的两套思维系统，并要求我们在二者之间自如切换，三段的学习则会更进一步地拆解大脑的认知，帮助我们在思考过程中建立内部控制点。

我想先通过两位学者的研究，向你介绍内部控制点这一概念。你可能听过《富豪的心理》这本书，它是财富研究领域的学者雷纳·齐特尔曼博士在采访了45位高净值人士后发表的研究成果，旨在探索人格特质与成功创造财富之间的关联。齐特尔曼发现，成功的公司创始人有8种人格特质，其中一个和内部控制点有关，即人们的行为由自己控制。成功者坚信："我的命运掌握在我自己的手中。"

内部控制点，或退一步讲，控制点最初由美国心理学家朱利安·罗特提出，是人格心理学的一个概念。罗特认为，具有强大的内部控制点（相对于外部控制点）的个体会相信生活中发生的事件主要取决于他们自己的行为，并且认为每一个行为都有其后果，这些后果取决于他们是否要主动控制这个结果。

从心理学的层面认识内部控制点后,我还想借用一句话,从侧面助你理解为什么我们要主动控制。这段话出自一本在全球销量超过一亿册的图书——《高效能人士的七个习惯》。书中提及,作者史蒂芬·柯维在某学院图书馆的书架间漫步时被一本特别的书吸引了,其中的一段文字,据柯维所言,彻底改变了他的生活。

柯维看到的这段文字,阐释了一个非常简单的道理:"刺激与回应之间存在一段距离,成长和幸福的关键就在于我们如何利用这段距离。"

想象一下,这就像一块夹心饼干,外部世界的刺激是上面那层饼干,你的感受和回应是下面那层,中间空出来那块放夹心。

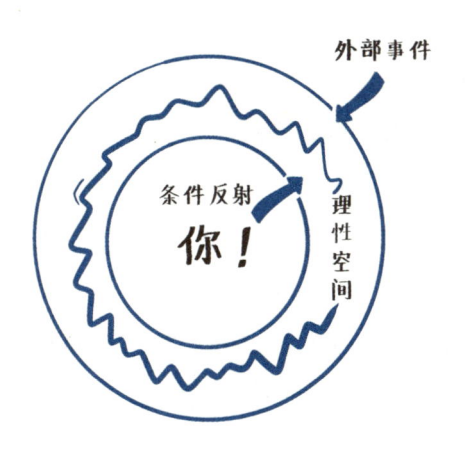

很多人没能善用刺激与回应之间的距离——中间夹层,在应对外界的刺激时,不假思索,条件反射式地做出回应,就像我们在二段——

三段:内控——跑好大脑的四人接力赛

切换中讲过的"自动驾驶系统"一样。我们本可以更好地利用夹心饼干中间的那块甜美地带，捕捉、理解、反馈外界的刺激，主动控制自己的言行。

你可能会觉得，善用这段距离，做到主动控制，并不容易。这是因为：

第一，人的专注力带宽本身就是非常有限的。《决策的力量》一书提到，大脑每秒钟能够接收 1 000 万比特的信息量，但其中只有 50 比特会被大脑在有意识的状态下加以处理。

第二，信息泛滥让人的持续专注力下降。微软公司的一项研究显示，2000 年人们的持续专注力达 12 秒，到 2013 年就下降到 8 秒。

第三，我们的世界变得越来越自动化，智能手机和网络使人类不再那么敏锐。

信息泛滥，注意力缺失，人变得不再敏锐，在这种情况下，要如何建立内部控制点、主动掌控呢？

飞行员向我们提供了一种思路：他们大多数时候依靠自动驾驶系统飞行，而会在起飞、降落等关键的时间节点介入。也就是说，他们不会事无巨细地关注每一个细节。同理，巨星碧昂斯在酒店回放演出录像，到关键之处"啪"的一声按下暂停键，就是为了在那个时间节点唤醒主动模式复盘，思考还能改进的地方。

你可能会继续问："我们应该在什么时候叫停自动模式进行主动控制呢？"

为了回答这个问题，我们需要更深入地学习一下认知飞轮。

认知飞轮再探

科学研究需要找到基本的颗粒：物理学找到了原子，生物学找到了细胞和基因，信息学找到了比特。我则把"认知"的基本颗粒叫作认知飞轮。

我在本书使用指南部分提到大脑"从获取信息到采取行动"的过程，也就是认知的基本颗粒——认知飞轮，它由感知、认知、决策以及行动4个环节构成。

你可以把一个完整的"认知飞轮"理解为一场4×100米的接力赛跑："感知"跑完了把接力棒交给"认知"，"认知"跑完了交给"决策"，并由"行动"完成最后一棒。事实上，我们的认知经常在这些"交棒"时刻出现问题。例如，扮演情报员角色的"感知"获取了某条信息，但因为掉棒了，没能将信息交由扮演分析师角色的"认知"处理。"感知"本身因为有敏感、情绪化的特质，所以在此环节我们很难对信息做出客观的评估分析。于是，认知飞轮的接力赛跑就无法继续下去。

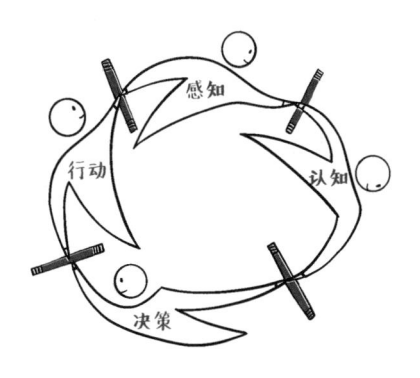

三段：内控——跑好大脑的四人接力赛

提升思考率与设立大脑立项决策者

我发现,有两类人经常在认知飞轮的环节之间掉棒。

第一类人有点儿懒,他压根儿没有在恰当的时间节点(认知的"交棒时刻")主动思考。正如科学家保罗·卡拉汉的研究所揭示的那样:人们做不出聪明行为,并不是他们缺乏动机或能力有限,而是他们缺乏对思考时机的敏感性。就好像在一条路上走,明明有个岔路口,如果你停下来想一想,多半能分辨正确路径,但大部分人压根儿没有停下来想想。

那应如何提升思考的敏感性,在认知的"交棒时刻",开启主动模式呢?我给你一个评判思考覆盖范围的指标——思考率。这是我创造的一个词。思考率等于主动思考的次数占认知飞轮交棒次数的比例。整体的思考效果 = 思考质量 × 思考率。

有些人的思考质量很高,但是思考率却不够,在该停下来好好想一下的时刻,仓促行事,不过脑子,所以,尽管他们看起来很聪明,但整体的思考效果却不怎么样。

有些人的思考质量未必出众,但是思考率很高,在关键节点三思而后行,整体的思考效果就非常好。

我有个很厉害的朋友,他看起来不那么聪明,遇到问题思考得也很慢,但他就是能在认知的每一个"交棒时刻"停下来,慢慢想,死磕,然后再走向下一个"交棒时刻"。我认为这一类人的思考率就很高。

其实,现实生活中有多少时候需要高智商思考呢?大多数时候,我们面对的都是一大堆繁杂的简单思考。要想提高思考质量，很多时候并不是努力就有用，但是要想提高思考率，几乎每个人都可以做到。

第二类人爱耍小聪明，总是自圆其说。他们不能忍受不完整和不确定性，总想跳过"交棒时刻"，把认知飞轮这场接力赛快点儿跑完。认知神经科学之父迈克尔·加扎尼加博士发现，大脑会为此编造理由。

爱耍小聪明的人随便得到一个解释就觉得自己把某事弄明白了，想赶紧蒙混过关。他们输了就说运气不好，赢了就觉得自己实力强大。这样其实会堵死自己成长的路径。

为了避免这样的小聪明，你需要在大脑里设立一个立项决策者的角色。立项决策者是认知飞轮接力赛的总教练，指挥感知、认知、决策、行动这 4 个角色。你可以将其想象成一个挥舞小皮鞭的狠人，督促我们完成每个角色的任务，顺利交棒。我们常说，"一个人要对自己狠一点"，说的就是你脑海里的那位立项决策者不跳过、不逃避"交棒时刻"，主动思考。

单个认知飞轮里边会进行交接棒，事实上，不同的认知飞轮之间也有这样的交接。就好像羽毛球比赛打的每个球，从一个来回结束到开始准备打下一个球，中间会有一个可以主动掌控的时间节点。

我们需要在这个时间节点正确地复盘：充分利用上一个认知飞轮的经历和反馈，从错误中吸取教训，用相关经验提升能力。要做到这一点，关键在于你能把下一个认知飞轮的决策过程和上一个认知飞轮的结果分开，因为好的决策未必带来好的结果，好的结果也可能是由错误的决策"撞"来的。

三段：内控——跑好大脑的四人接力赛

在思考过程中建立内部控制点，主动掌握自己的言行，这说起来容易，做起来很难。我想与你分享巴菲特的内控法，帮助你主动思考。巴菲特说，如果自己没有在一张纸上写下决定交易的理由，就绝不会进行交易。这个交易可以是错误的，但自己必须有一个交易答案。比如，他在纸上写道："我今天要花500亿美元收购苹果公司，因为……"如果不能写出收购苹果公司的理由，他就不会收购。

你可能会问："写下交易理由有什么用呢？"其实，巴菲特这么做就是人为制造了一个内部控制点，给自己主动思考的机会，防止爱欺骗自己的大脑过于冲动。

不管人生多么紧迫，你都有权利按下自己的暂停键。在那些关键时刻，你只用说："且慢，让我想想！"然后激活大脑里的那位立项决策者，开始计算你的答案。

→ 复盘时刻 ←

1

大脑的运行机制,至今仍是宇宙中最深奥的谜团之一。

2

夹心饼干的比喻,是我受格式塔心理学理论启发得到的。该理论认为,在外部刺激与由此引起的人的内部感觉之间,并不存在必然联系,因为人的思维会以多种稀奇古怪的形式介入这个过程。形象地说,在外部世界对你施加的影响和你内心的感受之间,应该预留一个缓冲空间,并在这部分空间进行决策。否则,你就会活得如同一只惊弓之鸟。

3

我们当中的绝大多数人,都是条件反射般地过此一生。以下棋为例,多少人下了一辈子棋,几乎毫无长进。原本是智力游戏,不是应该越玩儿越聪明吗?现实是,很多人就是把下棋当作往水里扔石头的游戏,对手走一步,自己跟着走一步。我称之为不动脑筋的"动脑筋"。

4

其实还可以从另外一个角度理解大脑的效率。假如大脑是发动机,有些发动机的最大输出功率很大,持续输出功率很小;有些发动机的最大输出功率未必那么大,但是持续输出功率不小。

5

我们为什么要把"思考"想得那么复杂呢?因为鸟不懂空气动力学也能飞,但你不懂空气动力学就没法儿造出飞机来。

6

内省地去思考"思考这件事儿",本身就不容易。而我们还要通过慢镜头分析,透过显微镜,可视化地观察"思考的微观结构"。能够真正理解这一点的人不会太多。

7

认知飞轮的四个环节和"六顶思考帽"不是一回事。后者是一个集思广益的平行思维工具,而"认知飞轮"就是一个完整的思维决策过程的慢动作分解。

8

我有一个建议,你可以闭上眼睛,演练一下认知飞轮,想象你的大脑中有 4 个性格迥异的人,由你来指挥。

9

本章提到的诸多概念组成了一个完整的系统。我先讲内控点,再讲认知飞轮四个环节的"交棒时刻",然后从一个人思考问题的角度提出"思考率"。这是一个递进的理解过程。

10

本章的内容不简单,但最后说的就是一个——内控。内控之于决策,就像挥杆动作之于高尔夫,看似那么简单,要做好太难了。你只有理解这一点,才可能通过练习不断提高。

好奇感知

灰度认知

黑白决策

疯子行动

初段 → 二段 → 三段 → **四段** → 五段 → 六段 → 七段 → 八段 → 九段

四段 重启
重新启动的精神装置

认知飞轮的秘密在于持续转动，但是对于绝大多数人而言，一旦遇到阻力或者意外状况，发动机就会熄火，认知飞轮就会停止转动。

我们可以在即便落后三个球，仍然稳扎稳打的德国足球队队员身上看见"精神装置"，我们可以在即便看似毫无希望，也依然信心百倍的生意人身上看见"精神装置"，我们也可以在弱小的母亲为了孩子而释放出惊人力量的时刻看见"精神装置"。我歌颂的并非打不死的"小强"，而是即便被打趴在地，也在冷静思考如何包围敌人的"小强"。

人们经常把"精神装置"与"乐观"相混淆。传统的"乐观"，大多是指一种情绪。而通过"精神装置"呈现出来的乐观，是一种理性的选择。

在讲人生四段之前，我想先请你回答一个问题："假如你在人生巅峰之际陷入一场自己被彻底击倒的危机，你会做何反应？"

1998年，时任美国总统克林顿身陷莱温斯基事件。这一丑闻给他带来了致命打击。他不仅要在陪审团面前做证，还不得不发表电视讲话，向全国民众道歉。一般人在这种情况下早就狼狈不堪了，可是克林顿照样正常工作。他曾与50位国会议员开会，其中一半都是弹劾他的共和党人。会上，克林顿专注而高效，就像没什么事情发生一样。

彼时的财政部长罗伯特·鲁宾对此感到非常好奇，他曾在自传中写道："我确实非常赞赏克林顿处理危机的方式，尽管这一危机是他自己制造出来的。他的精力集中、专注，在身旁风暴肆虐时仍继续工作……"克林顿之后告诉鲁宾，说他启用了一项"精神装置"，帮助自己度过了那段时间。你可以把这项"精神装置"想象成电脑的重启机制——在系统快要崩溃的时候按下重启键复活。

本质而言,"精神装置"其实是一种每个人都可以学习的"大脑方法",帮助我们从那些无法改变的糟糕事情里挣脱出来,像是什么都没发生似的,专注于做好当下最重要的事情。

人生算法的四段讨论的就是重启的科学原理,以及如何打造个人的"精神装置"。有趣的是,鲁宾从克林顿那儿知道"精神装置"的奥妙之后也为自己打造了一台。他在打网球的时候开始有意识地告诉自己一条数据——即便是非常优秀的篮球选手,投不进球的概率也高达55%。

牢记概率是鲁宾"精神装置"的核心。它帮助鲁宾主动切换至正确的思维模式,使他的网球水平有了很大长进。这种思维模式,即深知比赛的胜利不是靠一次击球获得的,一个球的得失很难影响全局。关键在于一个球打完后能够马上复原,重启进入下一个击球。

这就是专业选手和大多数业余选手的区别。一个球没打好,业余选手不是在懊恼,就是在担心分数落后。专业选手则会迅速重启,忘掉上一个球,集中精力打好眼下的球。正因为如此,专业选手在比赛的关键时刻总是能聚精会神,丝毫不犹豫。

除了克林顿、鲁宾以外,生活中也有这样一类人,他们非常善于运用重启原理,无论遇到什么打击都可以若无其事地站起来——不管前一天多累,翌日总能满血复活。我认为这种重启的能力,是一种底层生存能力,也是我们急需掌握的。

重启面临的挑战是什么

在解锁重启技能的时候,我们经常面临两大挑战:舍不得扔掉旧的，很难开始新的。

人之所以会受第一个挑战影响，是因为我们都有恋旧情结，很难轻易摆脱过去。在面向未来做决策的时候，我们总是习惯性地关注过去遭受的损失与付出的代价。

经济学把过去已经付出且不可收回的成本称为"沉没成本"，并把我们为了规避沉没成本而选择的非理性行为方式称为"沉没成本谬误"，或者"损失厌恶"。如果你足够理性，就不该在做决策的时候老是惦记着已经产生的沉没成本。

举个例子，你去看一场电影，付钱后进入影院发现片子并不好看，你面临两种选择：虽不好看，但忍着看完；离场去干别的事情。这时候你需要假设："如果这张票是免费的，我看还是不看呢？"（这个假设就是一个重启装置。）你当然应该离场，省出时间干点儿别的更有意义的事，降低未来的机会成本。硬撑着看的话，你还要继续受罪，时间也因此被浪费了。

"如果你因为错过太阳而哭泣，那么你也将错过星星。"重启的本质是懂得在什么时候应该放弃，忘掉业已沉没的成本，回到尚未选择的最初，重新做出选择。

摆脱过去很难，而在开启未来时，你同样面临挑战。原因在于，人类不仅有"损失厌恶症"，还特别不喜欢不确定性。所以，在现实中我们总能听到这样的话：

- 等我忙完这阵子，就开始好好学习英语。
- 等我的想法完善了，并且找到资金，就开始创业。

- 等我工作压力没那么大了，就带父母出去旅行。

……

然而，现实中不可能什么都准备得好好的，很多时候其实是"只有东风，万事皆欠"。即使条件不充分，你也要"扣动行动的扳机"。

吉野家社长安部修仁曾经说：

> 人们常常面临选择，如果眼前有两条路，你选择了左边那条，失败了，这时你可能会说："当初要是选右边那条就好了，都怪我运气不好。"一旦有了这种想法，才是真正的失败。养成这种思维定式的话，无论选择哪条路，结果都是一样的。不后悔自己的选择，哪怕撞得头破血流，这样的人离成功会更近一点。

重启的作用就在于，帮助你对付人天生的、对过往损失和未来不确定性的厌恶，提醒你驶入理性的轨道，摆脱旧事物，勇敢地开始新生活。

四段：重启——重新启动的精神装置

设计自己的"精神装置"

如何设计自己的"精神装置",摆脱那些旧的事物呢?我们可以看看英特尔公司CEO(首席执行官)安迪·格鲁夫是怎么处理的。1985年,英特尔公司的内存业务受到日本厂商的巨大冲击。安迪·格鲁夫想退出内存业务,进军CPU(中央处理器)市场。难题在于英特尔公司的内存业务还赚钱,CPU的市场前途不明朗,说不定还是死路一条。

这时,格鲁夫启动了一个"精神装置",他问公司合伙人摩尔:"如果我俩隐退,新CEO上任,他会怎么办?"

摩尔不假思索地回答:"他将退出内存业务。"

格鲁夫说:"既然如此,为什么我们不这么干呢?"

现在我们知道,CPU之于计算机就是大脑之于人类,其重要程度由此可见一斑。较早进入赛道的英特尔公司大放异彩,成为全球最大的CPU制造商。如果仍然死守早已失去竞争力的内存市场,英特尔公司可能不存在了。这正是精神装置的魅力所在,关键时刻,我们需要启动这一装置,摆脱内心的各种纠葛,做出正确决策。

用"精神装置"开启未来的另一个典型是亚马逊的创始人杰夫·贝佐斯,他有一套叫作"Day 1"的装置,意思是每天都要像创业第一天那样运营公司。贝佐斯总结了"Day 1"型公司要严格遵守的四个原则,分别是:

第一,真正把目光锁定在用户身上。

第二,抵制形式主义。

第三，积极适应外部趋势。

第四，快速做出决策。

拥有"Day 1""精神装置"的创业者在讲述公司愿景，介绍自己的产品时，哪怕重复1 000次，再讲起来还是会像第一次那样充满激情。正如丘吉尔所说，成功就是即使从失败到失败，也依然不改热情。打个不恰当的比方，就像一只狗每天见到主人都跟邂逅初恋一般兴奋。过得每天都像第一天一样，这是一种特别的能力。

那么，我们该怎么设计自己的"精神装置"呢？我总结了两套这样的装置，帮助你构建自己的"重启系统"。它们分别是两个角色，遇到问题的时候，你可以把自己代入这两个角色的视角，重新思考。

第一个是"外星人"视角。假设有个外星人，突然飞到地球，接管了你的生活。与地球人不同的是，他会冷静地评估现实，而不会在意那些让你纠结不已的沉没成本。面对问题，他能制定理性的解决方案。安迪·格鲁夫用的就是"外星人"视角，这个视角能帮你解决恋旧的问题。

这个方法可以这么使用：

首先，你找一个厉害的人，他最好离你不是特别远。他的思考和行动让你心服口服，你经常想："我要是能够成为他那样的人就好了。"

其次，你把他当作"外星人"。当你面对一些重要的问题时，就问问自己，要是他面对类似的问题会怎么做。

第二个是"阿尔法围棋"视角。我说过，每个厉害的人，都和阿尔法围棋很像。阿尔法围棋下每一手棋时，都会根据眼下的局面从头思考，找到当前胜率最高的一手。对它而言，每一个决策点都是独立的。从头思考，独立决策，就是不断重启的过程。

当你能像阿尔法围棋一样，把所有的事实当作已知条件，重新配置资源，积极计算，你就能找到最佳答案。这样一来，情况是好是坏，条件是否充分，在你看来就都是可以计算的数字了。理论上，你总能找到当前条件下最好的选择。当你将这套算法应用于生活中时，你就会变得格外强大。

→ 复盘时刻 ←

1

为什么特别聪明的人未必是特别厉害的人？两者之间的本质差别到底是什么？

2

特别聪明的人非常善于思考，特别厉害的人非常善于在复杂的环境中思考和决策。

3

特别聪明的人像一辆法拉利，在赛车场上叱咤风云，可一到野外就麻烦了。

4

特别厉害的人像一辆越野车，在烂泥地里照样冷静前行。

5

我们在生意场上经常会遇到一些很不起眼的人，文化程度不高，也谈不上很聪明，但人家就是做成了事。我认为这些人像"手扶拖拉机"，在中国经济突飞猛进的某个时期，他们更适应路况。

6

我认为聪明的人擅长思考，厉害的人擅长决策。决策的本质是在不确定的环境中做出逼近真相的选择。

7

在混乱的、不确定的环境中做决策，有两种挑战。一是情绪崩溃了，再厉害也无法发挥，就像荆轲刺秦王的时候那个瘫软的"勇士"秦舞阳。二是数据不充足，无法在"灰度环境"中思考和决策。

四段：重启——重新启动的精神装置

8

人生算法的一个底层隐喻是：人生是由一个个小切片构成的复杂系统，就像一个蚂蚁社会，每个切片都需要某种独立性和冷静性。如何实现呢？每时每刻的你都要重启、复原，像时空中一个独立的个体。

9

伟大时刻，往往是指极端环境下主人公见招拆招，沉着应对。例如，在战场上，只剩最后一颗子弹，依旧沉着瞄准敌人的狙击手；例如，不知明天房租怎么付，但还在想如何优化用户体验的创业者……

10

于是我们就会得出"专注于当下，只为未来负责"的结论。然而我想强调的是，假如你通过读鸡汤文章得出这个结论，其实没什么用处；但如果你是通过推理，基于科学知识和实践经验得出这个结论，就会大不相同。

聪明的人擅长思考，

厉害的人擅长决策。

初段
二段
三段
四段
五段
六段
七段
八段
九段

五段 增长
增长黑客的三大步骤

有创业天赋的人不畏惧混乱，能够快速拿出可以卖的产品，在公司缺乏燃料时能够用自己的激情点燃一切，从不在意别人的评价，永远积极地与这个世界对话，像一个在万圣节热切要糖吃的孩子，最后糖总会属于他。

在如今这个碎片化的时代，一个人就是一个初创企业。你需要实现自身规模化，才能实现更大的自我价值。这与你是否经商无关。一个人必须用自身的某些增长消解无法躲避的挑战。

"九段心法"的学习即将过半。回顾初段至四段的内容,你会发现,这是一个发现自我的过程,你需要在不确定的世界里实现自我成长、自我切割,直至找到自己的核心算法,建立自我的某种确定性,并通过增长的方式将取得的成果如滚雪球般越滚越大。

五段的主题就是增长。讲一个我的切身感受:我是一个围棋爱好者,经常看到身边一些喜欢下棋的朋友天天研究围棋且天天下围棋。但几十年过去了,他们的水平还是不怎么样,可能还下不过一个刚学一两年的孩子。原因在于,他们没有找到提高下棋水平的增长模式。

事实上,我觉得能够提高围棋水平的方法至少有三种:

第一,做死活题,练习计算能力。

第二,打谱,复盘经典案例。

第三,找AI(人工智能)陪练。

做死活题是围棋最基本的训练方法,打谱就是对着棋谱摆棋,AI陪练更是拿来就用。这几种方法,都是可重复的笨办法,只要你每天坚持，训练量达标，下棋水平便会逐步提高。这一过程像是在滚雪球，也是在做增长。

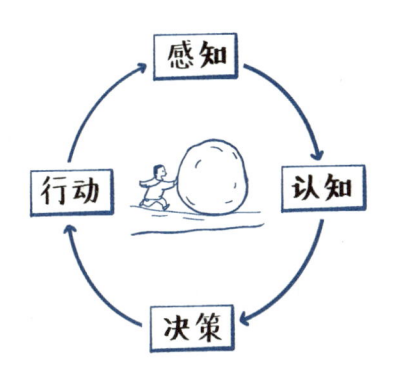

感知 → 认知 → 决策 → 行动 →（循环）

实现增长的三个阶段

增长是第一流公司的核心法则。2005 年，脸书刚成立没多久，公司同僚为了向投资人证明脸书可以实现赢利，提出了一个能够为公司创收的想法。这个想法听上去有理有据，但创始人扎克伯格并不同意，他走到白板前写下一个大大的单词——Growth（增长）。扎克伯格认为，公司当时的战略焦点是用户增长，这一点比收入更重要。回过头来看，这是脸书成功的关键。试想，投资人为什么要投脸书？他们关注的是这家公司未来的发展空间。对他们而言，脸书更像一台印钞机，而不是收银机。

公司需要增长思维，个体也需要。对个体而言，最重要的增长不在于工资水平的增长，而在于能力的提升和社会网络的建立，以及在未来赚钱的能力的提高。我认为有效的增长通常需要经过三个阶段：

第一，增长假设。

第二，增长验证。

第三，大规模增长。

怎么理解？打个比方，首先你要有一些种子才会有增长的可能。因为没法确认种子一定能发芽，所以我把它叫作"增长假设"，这是第一阶段。之后你开始"育苗实验"，看看哪些种子真的可以发芽，以验证前面的假设，这是"增长验证"的阶段。只有完成了前两个阶段，才可以进行大规模种植，也就是"大规模增长"。

在现实中，不管是公司，还是个体，都容易陷入"增长思维"的两个误区。

一是有内核，没增长。产品好，服务好，但无法做大，结果要么维持手工作坊的状态，要么就会慢慢消失。

二是没内核，乱增长。种子不对，还跳过育苗实验的步骤开始大规模种植。数年前有一家叫作"星空琴行"的公司，地面推广能力很强，顶峰时期覆盖21座城市，开设了75家直营门店。然而，星空琴行买琴送课的商业模式本身就存在很大的问题，实践证明，"卖得越多，亏得越多"。在这种情况下，公司很快就倒闭了。

对于个人来说也是一样，即便你再有能力，要是没有增长思维，成长也会受到限制。相反，如果你没有基本能力，只谈增长，到头来也是一场空。

事实上，增长思维本身有一条清晰的主线，需要你在输得起的时候快速试错，积极探索，找到可持续、可规模化的增长公式。

这个持续改进、快速迭代的过程，在商业领域也有一个类似的概念，即增长黑客——公司所做的每一件事都力求给产品带来持续增长的可能性。

增长黑客的三个实战步骤

那么，为实现增长具体应怎么做呢？我会介绍增长黑客的三个实战步骤，你可以将这三个步骤应用于企业和个人的发展过程。

第一步，假设：建立最小化闭环。

这也是我们初段讲的闭环。在增长这个大要求下，要先完成一个最小化的闭环。

假设你需要完成这样一份工作：有一大批信件，必须先在信封上写上地址、贴好邮票，再把信件装入信封、封上封口。你会怎么做？第一种办法是拆分动作，在所有的信封上写地址、贴邮票，全部装好、封完；第二种办法则是每次把一封信的所有工作做完，然后再完成下一个。

你可能觉得第一种更快，但实际上，第二种方式能更快完成工作，因为万一信件塞不进信封，要是采用大批量的方式，我们一直要到接近流程终点才会发现问题。如果一次只装一封信，我们马上就能发现问题。一次只装一封信的做法在精益生产中被称为"单件流"，也就是我们说的最小化闭环，它的价值在于能快速试错。

我想提醒你，从笨办法开始，别怕犯错，反正都是小尝试，代价并不高，你可以勇敢尝试。无论是公司，还是个人，不行动，你就没有办法获得反馈。当知道每一次失败都是为最终的成功采集数据时，你就不会那么害怕失败了。

第二步，验证：找到"北极星指标"。

你要先建立一个反馈回路，获取验证结果。特斯拉的CEO埃隆·马斯克曾经说过："我认为一个人有一个反馈回路非常重要，这样他就可以不断思考自己做了什么，怎样才能做得更好。"不断思考如何才能做得更好，不断对自己提问题，这个动作看起来是多了一个步骤，但它能让你少走许多弯路。如果没有这个步骤，你就有可能在原地打转。验证其实是确认两件事：第一，获取一个正向反馈；第二，找到单一指标的关键因素。至于什么是单一指标的关键因素，我们来看一个案例。

Instagram早期的社交功能和现在不一样，后来它发现用户分享照片的需求很大，于是只留下了发布照片、评论和点赞功能，并增加了滤镜功能。当时市面上已经有脸书，多功能的社交产品很难突出重围。而Instagram的团队找到了最关键的因素，也就是分享照片，并以照片为核心设计产品。几个月后，专注于图片社交分享的Instagram正式推出，上线第一天就获得25 000个用户，三个月后这个数字达到100万。

单一指标的关键因素又可以被叫作"北极星指标"，它就是你的关键增长点。不管是公司，还是个人，都要致力于找到自己的"北极星指标"，只有这样，才有可能有效实施增长战略。

第三步，执行：设计增长战略。

优秀的创业公司往往会采用分阶段发布产品的战略。例如，脸书一开始只面向哈佛大学的学生开放注册，紧接着是常春藤大学，随后是其他大学和高中，最后才开放给所有年满 12 岁的用户。

分阶段增长战略有两个优势。首先，在验证技术风险之前先要验证客户风险。产品再好，如果将其推荐给不合适的人，可能也无法获得正向反馈。验证一个商业模式事实上并不需要大量用户。其次，控制好节奏，将一场马拉松拆成很多个 400 米比赛，团队就更能聚焦。对于一个团队来说，把不切实际的任务分割成合理的小任务，只要每天完成小任务，就会越来越接近大目标。

在分阶段增长的战略下，脸书后来居上，战胜了 MySpace 等一系列竞争对手。我们用滚雪球的例子可以很容易理解脸书的增长战略：雪球越小，越不容易滚动，随着雪球越滚越大，它滚动的速度也会越来越快。

正如《精益创业》的作者埃里克·莱斯所说："魔力与天才并非成功创业所必需的，运用可学习和可复制的科学的创业程序才是最重要的。"

经过假设、验证和执行这三个步骤，你才有可能迎来真正的爆发式增长，实现企业的全面扩张和个人的快速迭代。

→ **复盘时刻** ←

1

年轻人的成长，总要经历一段迷茫期。这时，会出现一个有趣的分化，一些在读书时代很厉害的人消沉了，而一些过去似乎不那么优秀的年轻人崛起了。

2

"精益创业思维"可以应用于个体的成长，其本质是科学思维和科学精神。科学思维是指聪明地犯错，不断逼近真相；科学精神是指不怕犯错，将挫折视为宝贵的反馈。

3

很多人是为创业而创业，这不对。好的创业要么有某个专业洞见，要么发现了一个秘密或套利机会，要么基于梦想，想解决现实世界的某个问题。

4

你必须找到的这个秘密，未必石破天惊、独此一家。比如，你发现在北京不算秘密的某件事，回到你的家乡它会变成一个不错的机会，这也是一个秘密。你最好能够用一句话把这个秘密说清楚。

5

这个秘密在开始的时候只是一颗种子，甚至只是一缕火苗。你会经历实验室—大棚—大规模种植这三个阶段。

6

你不能拼命给一根筷子施肥。你要确认自己灌溉的是能够生长的种子，是能够大规模种植的种苗。

7

你要做的就是在某个范围内像苍蝇一样乱撞,寻找那块肥美之地,测试你的"秘密"。

8

火种不分大小,别在意创业起步时的规模,微弱的火苗照样可以点燃未来。特别伟大的公司在起步阶段常常也是弱小的。投资人越来越意识到,大回报很少是从那些大家都能看懂的"大机会"里来的。别太刻意追逐大机会,也别故意寻找所谓"奇招"。从你的初心出发。

9

敢于在泥地里打滚,才有可能得到有价值的牌。有钱人不愿意打滚,观望者没有去打滚。你应为自己满身泥泞自豪。

10

不可能有别人没做过的事情。很多事情看起来相似,但本质上不是一回事儿。而且,几乎所有的事情都值得重新做一遍。竞争是必然的,对手是最好的老师,他们帮助你成长,让你发现自己独一无二的能力。但是,对于很多人正在做的事情,你要保持谨慎。

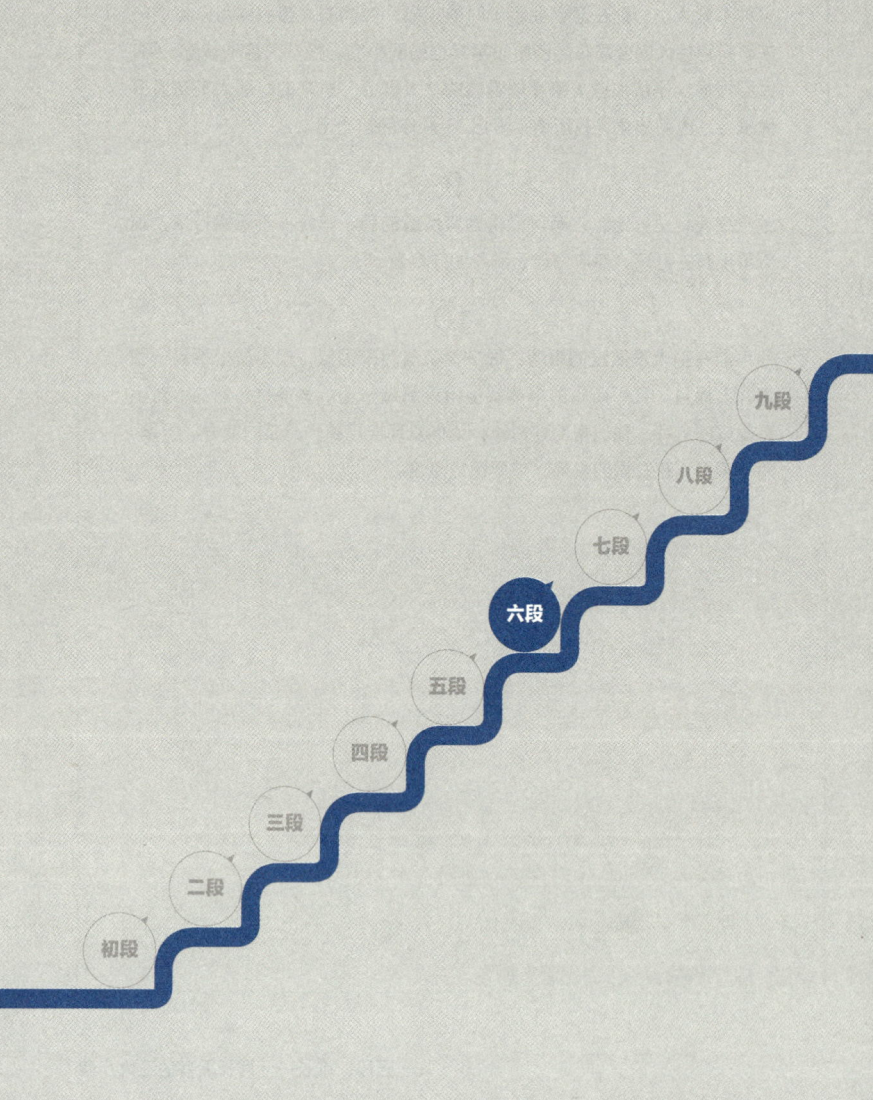

初段 二段 三段 四段 五段 六段 七段 八段 九段

六段 内核
找到可复制的最小内核

什么叫内核?

就是你愿意重复去做的事情。这类事情的特点是:你干它不累,它干(虐)你,你不苦。假如这类事还能养活你,甚至让你名利双收,那就太完美了。

一个人在受苦受难的时候,经常是在被动发现内核。去掉那些你原以为不能失去的东西,剥去那些你原以为是自己优势的东西,消除一切幻觉,最后剩下的,也许就是你的内核。

在六段，我们将再往本质探索一层，讨论一个更难的命题，那就是找到自己的内核。

我想先问你一个问题："你觉得智商是影响一个人成功的先决条件吗？"桥水基金的创始人瑞·达利欧称自己阅人无数，但没见过一个成功人士有天赋异禀。巴菲特也表示："我可以告诉你一个好消息，要做伟大的投资者，智商不必高得惊人。假如你的智商有160，那么把其中的30卖给别人吧。"按照巴菲特的说法，做投资，有130的智商就足够了。

你可能会问，如果不是智商，到底是什么决定了一个人能否成功呢？

我认为，答案是找到自己的内核。

在六段，就是为了找到人的内核。

每一个成功的人都要过一遍找到自己内核的步骤。这是一个漫长且艰难的过程，很多人终其一生都不能完成。当然，这也意味着如果你能找到自己的内核,就已经比大多数人更接近成功。

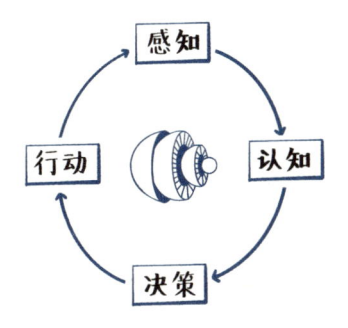

感知 → 认知 → 决策 → 行动 →(循环)

内核的特征

内核有以下两个特点。

第一,简单,这样才可以大规模复制。

第二,有构建系统的潜力,这样才能防止被别人复制。

放到一个熟悉的例子里,你就能更好地理解内核的特征。我们来看看海底捞的发家史。

以我们以往的经验来看,餐饮公司很难做大,很难上市。但海底捞在世界各地开了300多家分店,并于香港上市,市值曾突破1 000亿港元。

海底捞是如何突破餐饮业的瓶颈,取得成功的呢?秘密就在于它的内核。其实,张勇在1994年创立海底捞的时候,只是因为自己不会做饭,才开了一家对厨艺要求不高的麻辣烫店。也正是因为火锅、麻辣烫不依赖大厨,反而给日后海底捞的复制、扩张提供了空间。

当然，只是把这一点作为内核显然是不够的。火锅店那么多，怎么只有海底捞杀出重围了呢？张勇走的路线是"态度好点儿"，即上菜快，服务殷勤，满足顾客的各种需求。

也就是说，海底捞的内核符合上述两大特点：火锅这一产品形态很简单，能够大规模自我复制，并且海底捞从提供优质服务开始，发展出一种企业文化、一套他人无法复制的系统。

今天的海底捞已经成为整个服务行业的学习典范。我们可以借助这个案例学习怎样才算找到合格的内核。以下三个关键指标能够评判一个内核是否合格。

第一，是否会大概率地发生。

好吃的火锅店会有很多顾客光临。经过验证，这是可以重复实现的大概率事件，而不是拍脑袋、靠热情、梦想或者运气才会发生的事情。

第二，能否被复制。

我们曾经长期陷入一个困惑：麦当劳、肯德基能开遍全球，为什么中国餐企不能全球扩张？海底捞解决了这个困惑：标准化的底料完成了对味道的品控，中央厨房提升了效率，保证了菜品的新鲜程度，还构建了数字化的管理系统。

不仅是餐饮业，影视圈也有不少自我复制的例子。经典喜剧《老友记》自1994年首播以来，已经播放20多年。直至今天，主演们每年只靠重播，不做其他任何事情每人也能收入约2 000万美元。华纳兄弟娱乐公司每年借由出售《老友记》的播放权就有10亿美元左右的营收。《老友记》展现的就是自我复制的力量。

第三，是否有"大规模发展"的潜质。

如果只是很少一部分人的需求，比如极限运动，那就很难做成大规模的项目。至于吃饭，一日有三餐，火锅顺理成为一门有大规模发展潜质的生意。

只有同时具备上面三点，才算找到一个真正的内核。真正的内核还要经历"有构建系统的潜力"的考验，才能防止被别人复制。

内核需要有构建系统的潜力

海底捞内核的高明之处在于，它从最开始的"态度好点儿"这个朴素的行动，推演出一套系统。这套系统对内有人文的一面，例如，关爱员工。其服务员在房租昂贵的北京，住的不是地下室，而是正规的居民楼，还有专人负责洗衣服、打扫卫生。这套系统对外又有商业的一面，例如，极致的服务带来的"网红效应"，待客能力强，所以可以在位置不太好但租金低的地方开店。海底捞的这套系统就是它的护城河，别人学不来，也抄不走。

我们再看一个生动的例子，那就是全世界最赚钱的玩具公司——乐高。乐高的产品看似简单，就是胶质积木，让小朋友搭各种造型。但乐高积木的发明人奥利·克里斯蒂安森在发明这款玩具的时候，就想到它需要具备两个特点：第一，只有最好的才是足够好的；第二，制造有系统逻辑的玩具。

乐高是由一个个小元件组成的，它符合内核"简单"这个特征。它的零部件虽多，但每个零部件上部的凸点和内部的孔洞都有着相同的设计标准，能够相互砌叠，孩子们可以立马上手，哪怕是乱搭也能拼上去。只要对着图纸就能搭建起理想的形态，这让玩家特别有满足感。

就乐高的这两个特点，我觉得海底捞更像餐饮界的乐高，好玩儿，又不复杂，可复制性强。

另外，乐高又是有系统逻辑的。仅仅凭借这些基本元件，它就能搭建各式各样的建筑，不仅能还原电影《星球大战》的场景，还能模拟真实生活中的场景。

事实上，乐高没有迎合时尚，费力制造昙花一现的产品，而是创造了一个连贯、可拓展的玩具世界。这个玩具世界就是一整套系统，进入系统的玩家不会再选择其他同类玩具，而是想着如何把自己的乐高王国拓展得更大。那些简单的小方块必须基于有逻辑的系统，才能焕发生命力。

怎样找到自己的内核

从海底捞和乐高的案例中，我们明白了内核的特征，以及对于好的内核的评判标准。我们在生活中，应该怎样寻找自己的内核，获取想要的成功呢？

我想借中奖这件事打个比方，我把这个世界上想要获取成功的人分为两种：一种是想中大奖的人，一次暴富管终生；另一种人只想中100元钱的小奖，但是在发现其中的规律后，反复购买，中了很多次100元的小奖。

用巴菲特的一句话形容这两类人特别恰当：想中大奖的人"试图

跨过七英尺[①]高的栅栏";愿意每天中点小奖的人相当于"跨过一英尺高的栅栏"。

跨过七英尺高的栅栏,适用于极富天赋的人,例如达·芬奇、比尔·盖茨等,他们能够快速学习,还能在不同学科之间自由穿梭。可惜,对于绝大多数人来说,这种方法的风险极大,且极难复制。

相反,跨过一英尺高的栅栏,找到可重复的"简单动作",对于绝大多数普通人而言,成功的概率要远大于前者。假如找到这一类方法,你只需重复、坚持,就能获得超乎想象的回报。

巴菲特的选择是,"在投资方面,我们之所以做得非常成功,是因为我们全神贯注于寻找我们可以轻松跨越的一英尺高的栅栏,而避开那些我们没有能力跨越的七英尺高的栅栏"。这句话有一句潜台词:你必须找到那些可以大规模复制的一英尺高的栅栏,一个个去找就太费劲了。也就是说,找到内核,取得成功的难点不在于做好一件大事,而在于找到一堆可重复的小事。

为了实现这一点,你需要把握时机,依靠禀赋,做到专业。把握时机是指在对的时间,做对的事,把握时代的机遇非常重要。依靠禀赋,禀赋指天赋,以及你已经拥有的资源。比如,海底捞的创始人张勇的禀赋就是懂服务。只有具备这样的禀赋,他才能构建系统。

只有上面两条还不够,你还需要不断完善、打磨内核,做到专业,进而挖通自己的专业护城河。

---

① 1英尺≈0.3米。

→ 复盘时刻 ←

1

牛顿只用三大定律就描述了地球上乃至宇宙中物体的运动。麦克斯韦仅用四个定律就解释了所有的电磁活动。爱因斯坦则使定律表达的公式变得更加简洁。

2

这一切都源自物理学家对真理的追求：为所有起初看上去高深复杂的事物寻找简单合理的解释。我们可以用这种思路探索"成功"的定律吗？

3

很遗憾，不行。自然科学的思维方式并不能照搬至社会科学领域。因为人性很难计算，人类社会的理性和非理性犹如难以预测的天气，人类群体常常像羊群一样幼稚和冲动。

4

尽管如此，我仍然试图用"求解"的方式说明本章的内容。但请你知晓，我是在努力构建一个思考模型，但绝非提出一个万能的成功公式。

5

爱因斯坦说过："事情应该力求简单，不过不能过于简单。"我可以套用他的话来描述我定义的内核：第一，内核要力求简单，这样才容易被复制；第二，内核要有构建系统的潜力，这样才会有护城河，所以也不能过于简单。

6

发现内核是一个求解的过程。对机构和个人来说，也是一个使用"奥卡姆剃刀"的过程。

7

奥卡姆说："能以较少者完成的事务，如以较多者去做即是徒劳。"在科学上，这句话的意思是，如不必借用更多假设就能说明一个事物，那就不要假设，应该像剃刀那样把多余的枝叶剃掉。科学上复杂的解释容易出错，商业上复杂的模式在复制扩张的过程中也容易出错，而"简洁"可能是正确的。

8

然而，"简洁"（这个词相对于"简单"，不容易产生歧义）必须建立在有足够深度的洞察基础之上。例如，有人说："计算机的那些二进制算什么？《易经》中的八卦早把它讲清楚了。"没有从头推理，没有哲学根基，没有数学公式，没有足够的洞察，没有实验与证伪，云山雾罩地讲"大道至简"，毫无意义。

9

六段"内核"提供的是一种思考问题的框架。这个框架只有结合你的独立思考，才有意义和价值。你必须深入思考，并且敢于对自己使用"奥卡姆剃刀"。没有谁能替代你思考和行动。

10

最后，到底该如何找到自己的内核呢？答案是：Get out of your head and into your life. 简单翻译一下就是："醒醒！去做！"

初段　二段　三段　四段　五段　六段　**七段**　八段　九段

七段 复利
营造长期的局部垄断

关于复利，最好的老师是树。

大多数果树，从种下到长大结果，需要耐心等待，有些甚至要等好几年。

2002 年，褚时健已经 74 岁，开始种橙子，10 年后褚橙才上市。他的太太马静芬曾为年轻人写下"天道酬勤，地道酬善，商道酬信，业道酬精"的勉励之语。

复利也需要"地"。一切都是围绕地做生意，农业时代的种地，工业时代的厂房，商业时代的购物中心，心智时代的品牌，信息时代的 IP（知识产权）和虚拟商城。

所以，你的地产生意是什么？你为自己种下了什么果树？

我想先与你分享"A股第一散户"刘元生的故事。1988年12月，刘元生投资400万港元，购买了万科的原始股，一直持有到现在，涨至将近30亿港元。算下来，30多年的时间，这笔投资的涨幅接近1 000倍。是什么魔力，创造了如此的财富奇迹？答案是复利，这是我们在本章讨论的主题。

在上一章，我们讲述了如何找到自己的内核，这也是在为复利做准备——找到内核、发现商业模式的种子。在此基础上，我们就可以大面积植树造林了。得益于七段的复利效应，你会发现，我们在前六段习得的心法将释放出几何级数的增长力量。

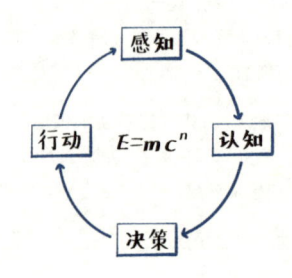

感知 → 认知 → 决策 → 行动 $E=mc^n$

复利是当代人的必备技能

我需要提醒你，对于上一代人来说，获得人生的复利是因为运气，但对于我们这代人来说，它是一项必备技能。随着未来生物科学的发展，人类的寿命超过120岁，可能就是这几十年能够实现的事。当你的一生长达百年时，你可能要更多地依靠金融和房产这类被动收入，你的后半生的安排都要被慎重地重新考虑，但大多数人还没有意识到要为此做准备。所以，复利是你必须下决心攻克的一关。值得庆幸的是，你还有机会早做打算。

我们先来看一个理论计算实验：假设一张纸的厚度是0.1毫米，对折20次，它的厚度将突破100米；对折42次，它的厚度就能达到44万公里。地球到月球的距离只有38万公里。通过这一串难以想象的数字，我们就可以认识复利的魔力。

复利是一种计算利息的方法。除了计算本金的利息外，新得到的利息同样可以产生利息，俗称"利滚利""驴打滚"。关于如何获取复利效应，最生动的是巴菲特的"滚雪球"理论："人生就像滚雪球，重要的是找到很湿的雪和很长的坡。"潮湿的雪在滚动过程中会吸附更多的雪，你可以把它理解成一项能逐步取得经济回报的投资活动。坡道则与时间这一变量有关，坡道越长，雪球滚动得越久，（从复利效应理解）你取得的回报也就越多。

现在，复利成为一个时髦的话题。对自己职业的投资、做生意、创办公司，以及与别人建立亲密关系等，都可以用复利来理解，它们都会随着时间的推移收获更大的复利效应。

我认为传统意义上的复利只有两种：一是固定收益的利滚利，比如储蓄；二是不动产的持续增值，这可以通过在正确的地段买房来实现。

即使储蓄（或者指数基金定投这类被动保守的投资），也很难对抗通胀。而从长期来看，投资房地产的复利效应也并不明显。

我之所以认为这两种复利方式有意义，是因为其他领域的复利都面临一个问题：它会停下来，并不会无限增长。用巴菲特的"滚雪球理论"来说：坡道太短，雪球还没滚几下就到山底了，复利效应因而很难实现。

举个例子，《纽约时报》和推特这两家公司都很厉害，都有几千名员工，都是行业领先的信息渠道。2012年，《纽约时报》赚了1.33亿美元，推特却处于亏损状态。虽然《纽约时报》更赚钱，但亏损的推特更值钱。这是为什么呢？

有的企业现在很赚钱，不代表未来也能赚钱。拿《纽约时报》来说，虽然它在2012年的时候在赢利，但整个报纸行业呈走下坡路的态势，过几年可能就无法实现赢利了。当然，《纽约时报》也可能在数字化时代实现完美蜕变，一切都是不确定的。

事实上，一家企业今天的价值是它以后创造利润的总和，也就是把未来现金流折算成今天的价值。一家公司之所以值钱，是因为人们认为它在未来的回报率很高。虽然在2012年推特在亏损，但未来它却有可能取得巨大的收益。一年之后，推特上市，市值高达40亿美元，是当时《纽约时报》市值的12倍左右。

从这两家公司的例子可以看到，现在赚不赚钱不是最重要的。有时，找准方向，选择延迟满足，可能会有更大的收获。就像亚马逊，前20年一直在亏损，等它开始赚钱以后，就赚得非常多。

当然,《纽约时报》也会抓住数字化浪潮,寻求在线业务的突破。

用垄断优势实现复利

既然如此,怎样才能避免复利停止增长的风险呢?硅谷著名投资人彼得·蒂尔提出的观点特别简单粗暴——垄断。

"垄断"的反义词是"完全竞争"。我们看一组对比:航空业算是一个完全竞争的市场,而网络搜索则是一个相对垄断的市场。2012年,美国机票价格平均为178美元,但航空公司从一张机票中只能赚37美分。谷歌作为网络搜索的垄断企业,利润率高达21%,是航空业的100多倍。谷歌当年的市值是所有美国航空公司市值之和的三倍多。

对个人而言,什么叫垄断呢?我发现一件有趣的事情:不管你觉得自己内心多么丰富,你在其他大部分人心目中,可能就是一个标签。比如,那个特别能聊天的人,那个报表做得好的家伙,那个搞投资的人,那个卖房子的人,等等。这个标签是你独一无二的价值,也是你占据的一个赛道。当别人有相关的需求时,也许第一个想到的就是你。因此,你在一家公司里面的地位是否牢靠,不取决于你有多厉害,或者有多勤奋,而是取决于你是不是不可或缺。实现个人意义的垄断,就能避免复利停止增长的风险,持续获得收益。

延迟满足与持续学习

复利的道理,似乎人人都懂,但一旦付诸行动,绝大部分人都没有真正理解时间之于复利的意义。

我们再来看一个例子：美国军队缩编，军人要么选择一次性拿到退休金，要么选择有保障的、分期的年金支付。选择前者的军人只能得到"年金支付现值"的40%。尽管如此，大部分人还是选择一次性拿到退休金。《对赌》的作者、德州扑克知名冠军安妮·杜克把这种"以牺牲未来自我为代价，满足当前自我"的倾向称为时间贴现。人类很容易为了眼前的满足而放弃长期最佳的利益。

你可能会说，如果你明白退休金是怎么计算的，就不会犯这种错误了。退休金可以推算出来，但我们还要面对未来的不确定性。

我们总说，要是买对一只增长100倍的股票，10万元变成1 000万元，那就"躺赢"了。说起来简单，做到真不容易，大部分人就是按捺不住，匆忙卖掉股票。比如你有幸在亚马逊于1997年刚刚上市的时候购买了它的股票。这二十多年股价涨幅高达38 600%，你最初就算只买一万美元，什么都不做，现在也变成约387万美元了。看起来是不是很容易？

实际上，在过去20年中，亚马逊的股价曾有三次跌幅超过50%。最狠的一次跌了多少？95%！有多少人能承受这种过山车般的起落呢？

另外一家公司奈飞的股票，也是超级大牛股，算起来复利效应比亚马逊还高，但它的股价也有4次跌幅超过50%，其中一次超过82%。

再好的雪球，也不会一直向前滚，有时，它还有可能倒回来，甚至把你砸死。

我们在前文提及的"A股第一散户"刘元生之所以能够坚持那么久不卖出手上的万科股票，有部分原因是他买的不是流通股票，前20

年压根儿不能卖。

在不确定性面前,一个人要坚持守住时间是很难的。真正能延迟满足的人本质上有一种能着眼长期价值的时间观。今日头条的创始人张一鸣、美团的创始人王兴都很强调延迟满足对一个人的重要性。这其实是大牛们的秘密。大部分普通人打折甩卖了自己的未来,谁是买家呢?就是那些能够做到延迟满足的人。

安妮·杜克给出的建议是:"想要获得更长远的利益,就要放弃这种即时满足感,通过更准确地理解世界,做出更好的初步决策,更灵活地应对未来的不确定性。"

那么,想要收获人生的复利,我们怎样才能克服不确定性,做到延迟满足呢?诺贝尔经济学奖得主约瑟夫·斯蒂格利茨认为:"学习,是持续增长与发展的关键动力。"一项研究表明,在今天的欧洲和北美,75%以上的超级富豪都是靠对冲基金和知识产权致富的,而凭借知识产权致富的人占据其中的绝大多数。难怪斯蒂格利茨说,学习能力才是最重要的禀赋。

从财富的角度看,一个人的价值不是他目前的收入,而是他未来能赚的钱的总和。你需要洞悉时间的机制,用持续学习构建自己的垄断优势,致力于获得长期收益,从而创造复利效应的奇迹。

在七段——复利,我们通过更长的时间维度,重新理解了价值。当代人可能拥有百岁人生,这是前所未有的挑战。我们能做的就是保有持续的学习能力,培养自己对长期价值的时间观,收获人生复利。

→ 复盘时刻 ←

1

复利看起来不难理解,因为复利本身可实现数字上的戏剧化。其中,最有名的是"24美元买下曼哈顿"的故事。1626年,荷属总督花了大约24美元从印第安人手中买下了曼哈顿岛。到2000年,曼哈顿岛的价值已达约2.5万亿美元。看起来,印第安人吃了大亏,但其实如果当时的印第安人拿着这24美元去投资,按照11%(美国近70年股市的平均投资收益率)的投资收益率计算,到2000年,这24美元将变成238万亿美元。

2

然而,在我看来,用这类故事解释复利,只是传递了一个知识。我更愿意为本书的读者提供一个有张力结构的认知。

3

什么叫有张力结构的认知呢?以复利这一章为例,就可以分为四层:第一层——复利很厉害;第二层——复利的本质是什么;第三层——原来复利很不容易;第四层——如何才能实现复利。从定义到原则再到方法,不断深挖,而不是停留在表面,否则就只是收集了一个概念而已。

4

一劳永逸的复利增长在现实中几乎不可能实现。即使过去30年我们身处一个超级大牛市之中,也很少有人长时间抓住一头大牛,除了被动拥有一套涨了不少的房产(要是能随便卖,可能你早就把它卖掉变现了),谁曾经一二十年地持有市盈率达10倍乃至100倍的茅台或腾讯的股票?

5

因此,我采用逆向思维,复利之所以很难实现,是因为雪球会停下来,那么倒过来想，怎样才能让复利不停下来呢？答案是在局部形成垄断。什么叫垄断？一个最简单的例子就是不动产。一个房子盖在一块土地上，从空间的唯一性来说，这个房子就在这块土地上形成了垄断。当然，垄断也是相对的，如果附近类似的地段上出现很多供过于求的房子，或者这个城市的房地产业出现了大规模衰败，这种垄断就没有意义了。

6

在数字时代，空间被重新定义了。钢筋混凝土的购物广场变成了手机屏幕上的购物平台。地段的垄断被流量的垄断取代。一切变得更加摧枯拉朽，一切又似乎更加不可捉摸。"垄断"与"永恒"一样，变成一个动态的名词。

7

所以我们要格外珍惜自己垄断的那些东西。你对家人亲情的垄断是无法被替换的，你的孩子是独一无二的，你自己的一生是任何人都无法从你这儿偷走的。从这个有点抒情的基点往上推理，一个人的垄断必须从自我出发，是自我的延展。

8

复利是一个基于时间的概念。本章会提及两个关于时间的关键概念：延迟满足，时间贴现。为什么有些人厉害，有些人平庸？因为"时间贴现"的人在补贴"延迟满足"的人。

9

你必须在生命中种上几棵果树，无论是财富上的，还是精神上的。财富上的果树是指，哪怕你在睡觉，果树也在生长，也在帮你赚钱；精神上的果树是指，你富足的心灵能变成一坛时间的佳酿。

10

想想看，你打算种下什么树？

初段 二段 三段 四段 五段 六段 七段 **八段** 九段

八段 愿景
设计人生导航系统

在"人生算法"的模型里,作为基本单元的认知飞轮不断滚动,围绕内核,像雪球一样越滚越大。然而,在现实中,这个雪球并非顺着坡向下滚,而是像西西弗斯推石头一样,是向上运动的。

熵增原理和墨菲定律让世间一切主动的努力都如此艰难。有个愿景,会让自己好受很多。反正都是受罪,干脆把自己搞得高大一点儿。

在前面的七个段位中，我们不断地探寻真理，直逼内核，像滚雪球一样收获复利。滚雪球这个动作听起来很轻松，但要实现没那么容易。人生之路漫漫，你会遭遇挫折，在不确定的现实森林里迷路……这段艰难的旅程很像希腊神话里受惩罚的西西弗斯所走的路，他每天必须将一块巨石推上山顶，等石头滚下来又要将其推上去。这时，我们就需要愿景，需要抬头仰望星空，找到定位的北极星。

我们通常认为，愿景是一个很务虚的词，但是有愿景的人比平常人走得更远。成功的人需要1%的愿景和99%的行动，而这1%的愿景必不可少。

瑞·达利欧将这类人称为塑造者。他们既有伟大的愿景，能看到大画面，又能关注细节，非常现实。就好像特斯拉的创始人埃隆·马斯克，他可以扎到细节里，研究电动车的车钥匙该如何设计，也可以建构愿景，思考电动车对世界的改变。他们看起来很矛盾，但这正是塑造者优于常人之处。建构愿景就是我们在八段需要的人生修炼。

北极星优于地图

我认为愿景由两大要素组成,即核心理念和未来蓝图。核心理念就是你努力要变成一个什么样的人,未来蓝图就是你努力要做成什么样的事。比如,迪士尼的愿景是成为全球的超级娱乐公司,让人们过得快乐。

形象地说,愿景是一种粗线条的强大算法。企业家贾森·弗里德说,在他们需要头脑风暴的时候,会用尽量粗的笔。假如你用很细的笔,笔尖的分辨率太高,会促使你担心一些你不应该担心的事情,让你掉进细节里。相反,如果用又大又粗的笔,你就会关注大画面,从大局出发,聚焦于少数关键想法。

愿景还会帮你规避一种系统性的风险——过度拟合。这原本是统计学中的现象:在统计模型中,因为使用过多的参数而导致模型对观察数据过度拟合,以致当用该模型预测其他测试样本输出的时候会与期望值相差过大。算法专家汤姆·格里菲思提醒我们,不确定性越大,数据越杂乱无章;这时,你越应该注意"过度拟合"的风险。打个比方,你在一片森林里迷路了,你可以借助两个工具,一是你手上的那幅地图,二是天上的北极星。手上的地图标注得很详细,但在不断变化的森林里,如果你过于依赖特别具体的地图,一旦出现错误的信息,抑或环境发生变化,你就可能陷入原地打转的困境。这时,走出森林最好的办法是什么呢?抬头看,找到北极星,然后顺着大方向往外走,在途中发挥创造性和自主性,随时应对突发事件。

地图虽然看起来很精准、很确定,但会让你陷入细节,失去大方向。北极星虽然很遥远、形象模糊,但却是确定的永恒存在。这就是北极星优于地图的地方：北极星看起来不解决具体问题，特别抽象，但你还是需要时不时看看它，确定你的大方向没有偏。这样你就能理解一句很拗口的话：模糊的精确，好过精确的模糊。

本质上，愿景就是一种从全局出发，着眼于长期价值的算法，像北极星一样指引我们穿越未知的黑暗森林。

愿景是怎么发挥神奇力量的呢？

其一，愿景的奇妙之处在于，它代表了一种预见能力，能够把一个抽象概念转化为一幅图景，让大目标变得可视化。如此，我们就可以在现实的迷雾中看清那些有长远价值的选择。

我们知道现在阿里云已经是阿里巴巴集团最重要的业务之一，但是，当年阿里内部对"要不要做云计算"产生过极大的分歧。马云最后之所以拍板做云计算，正是因为阿里的愿景是"让天下没有难做的生意"。云计算可以把IT（信息技术）服务平民化，很小的创业公司也能享受这样的服务，它符合阿里的愿景和使命。符合愿景的事，在长期来看就是对的，值得投入。

亚马逊的创始人贝佐斯也是这样做决策的。他说过一段话："亚马逊喜欢做5年至7年才有回报的事情。只要延长时间期限，你就可以做许多正常情况下无法企及的事情。我们在愿景上固执己见,在细节上灵活变通。"执着于愿景,帮贝佐斯着眼未来,做出了很多更有利于长远价值的选择。

其二,人是一种需要反馈的动物,但是人生中大部分的事都无法得到及时、具体的反馈。在没有反馈的时候,你就可能犹豫要不要坚持。对此,《精益数据分析》这本书提到,创业者需要处于一种"半妄想状态",才能直面创业过程中不可避免的高潮和低谷。不仅仅是创业者,人们在尚未得到充分实证支持的情况下也会"半妄想"一些东西——"我想成为的人""我想做成的事"。愿景会给予我们不可或缺的鼓励与反馈。

其三,愿景能够引发化学反应。我经常说,能成事的人有打鸡血的天赋。一是给自己打鸡血,不管前一天多么狼狈不堪,第二天早上照样满血复活。18世纪的法国学者傅立叶有一则趣闻,他让仆人每天早晨都对他说:"该起床了,伟大的理想正在召唤你!"二是给别人打鸡血,像传教士一样宣讲自己的愿景和梦想,吸引追随者。

愿景为什么能给别人打鸡血?这要从一种了不起的思维方式——"黄金圈法则"说起,很多伟大的企业和个人都是这么思考问题的。

黄金圈由三个圆圈组成。

里面的圆圈叫 Why,即为什么,指"目的"。

中间的圆圈叫 How,即如何做,指"方法"。

外面的圆圈叫 What,即做什么,指"执行"。

普通人的思维方式是从外到内的,先考虑做什么,再想怎么做,最后才问为什么,也就是 What → How → Why。举例来说,如果是一般的厂家卖电脑，会是这样一套说辞：

What："我们做了一台最棒的电脑。"

How："用户体验良好，使用方法简单，设计精美。"

Why："能帮你提高工作效率，让游戏体验更好。"

然后对用户说："买一台吧！"

厉害的人的思维方式则是由内而外的，即 Why→How→What。

比如苹果公司卖电脑会这么说：

Why："我们做的每一件事情，都是为了突破和创新。我们坚信应该以不同的方式思考。"

How："我们挑战现状的方式是，把我们的产品设计得十分精美，其使用方法简单，界面友好。"

What："我们只是在这个过程中做出了最棒的电脑。"

最后才对用户说："你现在来买一台吗？"

将两者对比，可以看到，苹果公司先阐释了公司愿景，拿出一套极具说服力的理由，给用户打鸡血。这种方式是不是更吸引人？

日本企业家稻盛和夫说过，做企业，需要乐观地设想，悲观地计划，愉快地执行。这句话就是在说，愿景需要远大而美好；制订计划的时候则要非常理性，做好失败的准备；执行的时候则要积极拥抱不确定性。事实上，人生何尝不是这样。

贝佐斯的三个愿景武器

愿景在我们的人生中发挥着神奇的力量，我们应该如何找寻自己的愿景呢？这里，贝佐斯提供了三套秘密武器，值得我们学习。

第一，发现哪些事物在未来十年不会变化。我们都喜欢关注变化，但对于找寻愿景来说，不变更重要，因为你需要将你的战略建立在不变的事物上。什么东西是不变的？其实就是常识和人们一直追求的美好事物。当我们不得不做出重大决策时，可以用这种方式思考问题。

第二，最小化后悔表。贝佐斯在选择创业时，老板曾多次挽留他。事实上，他也不确定自己创业是否能成功。真正让他做出决定的是他做了一个最小化后悔表，他问自己："假设自己80岁高龄时回看自己的人生，现在没有创业，到时候会不会后悔？"如果后悔，那就果断去做。当你做人生重大选择的时候，也可以这样问自己。

第三，"以终为始"战略。"以终为始"战略就是先想明白终极问题，再逆向操作。贝佐斯认为在零售业，客户永远不变的就是想要更低的价格、更快捷的配送和更多样的选择，也就是"多快好省"。他在弄明白客户究竟需要什么的基础上逆向操作，在对的事情上投入大量精力，帮助企业持续获利。做到这一点虽说很困难，但持续思考"以终为始"战略，就一定会助你深度思考。

从亚马逊的例子，我们可以看出，愿景不仅仅是为了给别人讲故事，更是你做决策的指引力量，是可以取得胜利的秘密武器。

人生道路漫长，我们需要忍受不确定性，独自在黑暗中探索。愿景正是一种伟大的粗线条算法，能够帮助我们找到目标，制定战略。就像圣雄甘地说的，找到你的目标，方法就会随之而来。

→ 复盘时刻 ←

1

从数学和围棋的角度看,马云一点儿也不聪明。众所周知,他的数学成绩很差。从马云讲过的往事可以推断,他在围棋上也没有什么天赋,在业余棋手里可能都算水平低的。

2

但是,为什么这样一个不够聪明的人,能够创造一个庞大的企业?一个简化的答案是,马云自己不懂技术,恰恰让他避免陷入"过度拟合"的陷阱。这正是我在本章强调的,愿景是一种粗线条的算法。尤其是在加入中国文化背景和人文元素之后,对于经营企业而言,马云其实是一个算法高手。

3

一个真相是,我们对现实世界所不知道的东西,要远远多于自己所知道的东西。但是,绝大多数人把"熟悉"当作"知道",所以人们总觉得自己至少知道世界上的大多数东西。这只是一个幻觉。

4

在一个新兴的、快速发展的领域,一个专家的知识可能是普通人的 10 倍,但也只是 1% 和 1‰ 的区别。大家的知识的绝对值都很低,二者蠢的程度是非常接近的。换言之,一个承认自己蠢的普通人可能比一个总觉得自己对的聪明人做出正确抉择的次数多。

例如,认为自己不会炒股的人比认为自己会炒股的人赚的钱要多(或者说亏得更少),至少在中国是这样的。

5

当我们在未来的森林里穿行时,可能伸手不见五指。尤其是在那些创新领域，预测是徒劳的，但我们又不能如无头苍蝇一般乱撞。解决办法是，长线如蜜蜂般追逐光源，短线像无头苍蝇那样乱撞。个人和企业都需要对于愿景的确定性、对于战术的随机性。

6

"人生算法"是一个有点儿隐喻的标题，也容易被人批评：人生怎么可能有算法？算法可以是一种程序，可以是一种路径，也可以是一种增加成功可能性的指引。

例如，愿景和价值观这些元素，其实很容易被量化，被嵌入一家公司的决策系统。又如，投资者越来越意识到，投资对象的品质非常重要。投资是需要计算的，品质怎么计算？很容易，把品质的权重设为80%就好了。

7

马云聪明吗？按照人们传统对智商的定义，他并不聪明，这让我们意识到，对"智能"的定义应该是多样化的。同样，在一个算法时代，我们对算法的定义也应该有更广阔的视角，毕竟，我们对这个宇宙中最厉害的计算机，也就是人类的大脑，还所知甚少。

8

我不喜欢简单的隐喻，也不喜欢自大的数字崇拜。在未知面前，我们唯一能做的就是像一个无知的孩子一样，尽情释放自己大脑的潜力。

八段：愿景——设计人生导航系统

初段 二段 三段 四段 五段 六段 七段 八段 九段

九段 涌现
在自己身上发挥群体智慧

人生算法九段开始时的认知飞轮,像牛顿时代的一个轮子,你可以清晰地计算这个轮子的形状、质量、受力、方向、速度、加速度。然而,这只是神经元。当我们一步步来到九段,必须认识到,人类的大脑、社会、金融,都是网络化的、无法简单还原的复杂系统。

人生算法九段,正是试图在宏观的世俗世界里构建一个层层递进的机制,以践行个人战略。虽然涌现是无法被设计的,但我们可以通过个人的"分布式计算",增加涌现的概率。

从初段的学习开始到现在，我们反复强调未来的不确定性会越来越大。这种不确定性主要体现在人工智能的加速发展让传统意义上的"人生算法"失效了。对于个体而言，努力和好运不再是"付出就有回报"的直接因果关系。很多人想拼命，但找不到拼命的地方；很多人被迫拼命，但丝毫没有希望。面对如此的未来，难道我们只能坐以待毙吗？

好消息是，答案并非如此。面对这样极端的不确定和无序，我们还是可以调整自己的算法，用不确定去对抗不确定。九段——涌现就是这样一种方法。

涌现来自对复杂系统的研究，是复杂系统最显著也最重要的一个特征。在系统科学中，大量微观的个体在一起相互作用之后，就会有一些全新的属性、规律或模式自发地冒出来，这种现象就被称为涌现。而且，涌现最终的效果总是"整体大于部分之和"。

蜂群的涌现效应

我想先讲涌现在自然界的一个例子。

著名动物学教授卡尔·弗里施曾因一项研究成果于 1937 年获得诺贝尔生理学或医学奖。他发现蜜蜂可以通过舞蹈交流。当一只独自行动的蜜蜂发现一处丰饶的蜜源时,它会兴奋地返回蜂巢,表演一段"8 字舞"。之所以叫"8 字舞",是因为蜜蜂的舞蹈路径形成了一个阿拉伯数字"8",其中包含一个摇摆运动和一个返回运动。借此,蜜蜂能够把花蜜的方向和距离精确地告知同伴。比如,它摆动臀部的时间越长,就代表蜜源的距离越远。有意思的是,其他蜜蜂看到"8 字舞"后,能自然将其解码,然后按照同伴提供的信息找到蜜源。

这是大自然的神奇算法。单只蜜蜂的智能水平并不高,但按一定的方法沟通起来,蜂群就能发挥卓越的群体智慧。蜜蜂和我们在初段——闭环中提到的蚂蚁一样,采用了非常简单的算法,然后通过大量个体的尝试行动,最终得出了最优路线。

人工智能的先驱赫伯特·西蒙启发我们想象这样一个画面:蚂蚁费力地穿过沙滩回家,沿途要爬过很多山丘,绕过很多鹅卵石。如果我们对每条可能的路线进行编程,那么我们注定会失败,因为路径可能无穷多。但蚂蚁社会的简单算法反而能够让它们找到最佳路径。蚂蚁们不断重复尝试,走得最多的路留下了最多的信息素,此即最短的路径。

那么,蜜蜂和蚂蚁的群体智能跟我们有什么关系呢?我们为什么需要在人生里加入涌现这个复杂的维度呢?

美国学者侯世达提出了一个有趣的想法：蚂蚁群落在很多方面和大脑的运作原理一样。人类的大脑也是由无数个简单的神经元通过信息交换，涌现出了智慧。侯世达认为，在蚂蚁群体和神经元这两种体系中，整体较高水平的智慧或思想都是从"一只蚂蚁""一个神经元"这些"无言的"群体中显现出来的。

利用涌现的方法，进化已经在蚁群、蜂群和人类的大脑中构建了智慧力量。你的大脑本身就是一个涌现的超级系统。

跨越 17 年的摄影展

涌现不仅存在于自然界，将它用到我们生活中，也会产生意想不到的力量。

10 年前，我看过一条新闻，国外有个妈妈办了一个摄影展，引起了不小的轰动。摄影展的主题很普通，只是摄影师拍下自己孩子的点滴日常，摄影技术也没有任何高明之处，但是仍然有很多人赶到小镇一睹为快。这场摄影展的魔力在于：妈妈从孩子出生开始，每天为她拍一张照片，直到孩子成年，一天都没错过。虽然每张照片都是那么普通，但成千上万张照片串在一起却给人十分震撼的观感。这场摄影展产生的"整体"超越"部分"的效果，就是涌现在日常生活中的表现。

我们可以借用亲子摄影这个简单而动人的故事，回顾一下九段心法的学习过程。

初段：闭环，是"按下快门"的这个简单动作。

二段：切换，在主动控制和自动驾驶两种模式之间切换。

三段：内控，感知—认知—决策—行动，被简化为按下快门这个动作。

四段：重启，每天都能重新启动一遍这个简单而伟大的目标。

五段：增长，伴随孩子的成长，积累的照片素材也在"自动生长"。

六段：内核，母爱与孩子的成长，是不容置疑的内核。

七段：复利，照片越多，叠加起来的时光魔法越强大。

八段：愿景，就抚育孩子这个愿景而言，妈妈是这个世界上最伟大的 CEO。

九段：涌现，妈妈对孩子的爱与行动，经过时间发酵，最终成为一个感动世界的摄影展。

复盘学习的过程，我们可以进一步看看大多数人没弄明白的两点。

第一，成功的要素可能很简单。想要成就非凡的荣耀，并不需要每一个基本要素都是非凡的。就好像在找到最佳路径的蚁群当中，不是每只蚂蚁都拥有最强大脑。

第二，重要的是系统。一个妈妈拍摄自己的孩子，坚持17年，这是一件可以系统化的、有机会由量变跃升到质变的事情。反过来看，如果你本身不具备系统，你所付出的努力就很难叠加到一起。这个妈妈给我们的启发是，别只想着去当丛林之王，仅凭一招定输赢；你也可以成为蜂群，逐步创造可实现的奇迹。蜂群的秘密是蜜蜂之间建立了机制，形成了可以创造涌现效果的系统。

九段：涌现——在自己身上发挥群体智慧

如何构建自己的系统

构建自己的系统,需要我们切换角度,重新看待自己。这里,我想引入时间这个变量:在一个个时间切片里的我们就像一只只蜜蜂。此时此刻的你和下一秒的你是两只蜜蜂。做决策的你是一只蜜蜂,行动的你是另一只蜜蜂。无数个不同时刻的你叠加在一起,就像蜂群一样构建了一个智能系统。你自己就是一个超级智能系统。

蜂群之间的传输控制协议——"8字舞"是这个智能系统的算法。不同时刻的你之间的关系、反馈、奖赏和连续性就是你的算法。

通过这样的比喻,我们就能理解,为什么人和人之间看起来差别不大,但差距却非常大。原因就在于有些人有系统,有些人根本就没有系统。这些装备系统的个体本身就可以视作一套具备算法的智能系统。这样的系统能够不断进化,创造整体大于部分之和的奇迹。

如何搭建自己的系统?

我其实已经告诉你答案了,它就是本书中的九段心法。从初段到九段的学习过程,也是一个发现自我、找到自己系统的过程。我们可以把它叫作"人生定位"和"个人战略"。

通向自己的道路

从初段到九段，正是一个形成个体的人生算法的过程，你应该把自己当作一个有算法的系统来经营。

有系统的人会把自己所有的经历（无论成败）都放入系统。他会不断检查自己的系统，更新自己的系统。拼多多的创始人黄峥就是这样一个人，他学习了贝佐斯的思路，将自己视为一张资产负债表，把生活、工作中的每一个决策都看作投资决策。这个方法的关键就是去分辨用时间和钱换来的东西，哪些是资产，哪些是成本。那些伴随着时间流逝，让你的护城河更深，给你带来新价值的往往是资产，而那些只是当前的消耗，或者时间越久对自己越不利的就是成本。

选择多投入资产，少投入成本。随着资产的不断增长，你这个系统的价值就会越来越大。

我们可以看到，一个人的命运，其实就是他的人生算法的涌现。你只有具备系统，才可以构建不断进化的人生算法。成功很难被设计，但系统是可以被设计的。当你的系统进化到一个临界点，世俗意义上的成功也许就会随之而来。

→ 复盘时刻 ←

1

我们时而想象自己会某种绝世武功，然后仗剑走天涯。即便在现实里，我们也被灌输了类似的观念：只要你找对方向、方法，勇于付出，一定会有回报。假如功夫下足了，还能够创造奇迹。

2

现实果真如此吗？随着我们长大成人，我们越来越意识到，"我命由我不由天"只是童话世界的幻想。这个世界并不是根据与"智慧和努力"成正比的关系来犒赏一个人的。

3

实现成功，有点儿像涌现。当系统中的个体遵循简单的规则，通过局部的相互作用构成一个整体的时候，一些新的属性或规律就会骤然在系统的层面诞生。这并不是一个可以简单用因果规律进行分析的过程。

4

涌现是复杂性（作为一门有争议的科学）的本质。人生算法将一个人在不同时刻的无数个切片比喻成一个蚁群式的复杂系统。我们想要追求的不同凡响的成功，其实就是你自己这个复杂系统的涌现。

5

让我简化一下这个概念，复杂的世界有两个让我们苦恼的特点：第一，理性没有我们想象的那么强大；第二，我们给了现实太强的线性假设，但它并非如此。这两点就可以摧毁我们对绝世武功的幻想。为什么呢？因为在现实的复杂性中，再厉害的武功也不会显得强大。即使有这种武功，你的付出和回报也不会是成比例的线性关系。

6

因此，我们可以得出几个会让勤奋好学者失望的结论：第一，成功学基本上是刻舟求剑，几乎毫无用处；第二，太深谋远虑并无益处；第三，定向培养几乎没有用处；第四，目的性太强不会帮助你接近目的地。

7

关于成功学无用，举个最简单的例子：在经济领域，最厉害的经济学家可以得诺贝尔奖，却无法成为股神，尽管后者看起来似乎更简单。复杂系统的一个特点就是，其涌现出来的新特质无法被化约，不能被还原。也就是说，再伟大的成功也不能归纳总结出一套成功学。

8

关于太深谋远虑并无益处，想一下我们提过的蚁群算法：蚂蚁社会里并不存在一个诸葛亮，没人从一开始就可以靠谋划找到最佳算法，更别说远距离的预测与策略了。最佳答案是通过许多只蚂蚁的简单动作、基于信息素的算法而实现的。蚁群系统不存在中央控制，它通过简单的运作规则，产生复杂的集体行为和信息处理工作，并通过学习和进化产生适应性。

9

关于定向培养几乎没有用处和目的性太强不会帮助你接近目的地，并非指愿景和动机无关紧要。梅西小时候在街头踢球，你根本无法一眼将他从一群热爱足球的孩子里甄选出来。要想拥有一支厉害的足球队，不能用木匠做椅子的方式，而要用园丁耕耘花园的模式。足球如此，数学家和诺奖得主的培养也是如此。这绝非"需要一个巨大的基数"这么简单。因此，复杂系统是非线性的。如果太功利，反而会让你的目的更难实现。目的就像一个你追逐的美女，追得太紧，她反而会跑掉。

10

人世间存在绝世武功吗？其实我想说存在。那就是你我的大脑。哈耶克说，脑内的创造性过程就是一种复杂系统。你我独一无二的意识（这个宇宙中到目前为止最大的秘密之一），其实就是涌现的结果。为了成功，我们要重新定义"死磕"和"努力"：花园里注定要长满花草树木，但你不知道哪颗种子会发芽，哪棵树会枝繁叶茂并挂满果实。你要做的不是追逐果实，而是当好自己的园丁。果实只是一个结果而已。

我们的目标是用理性思维和科学方法消除"夹层解释",直面人生难题,将难题一层层剥开,探寻其本质。将人生磨难视为一场通关游戏,可以增添些许喜剧色彩,帮我们摆脱宿命论,以一种超然的态度理性地迎接挑战。

本部分可以帮助你我既能够在世俗世界过得更好一点儿,又能追求真知,探寻意义,获得智识上的愉悦。

第二部分
人生算法十八关

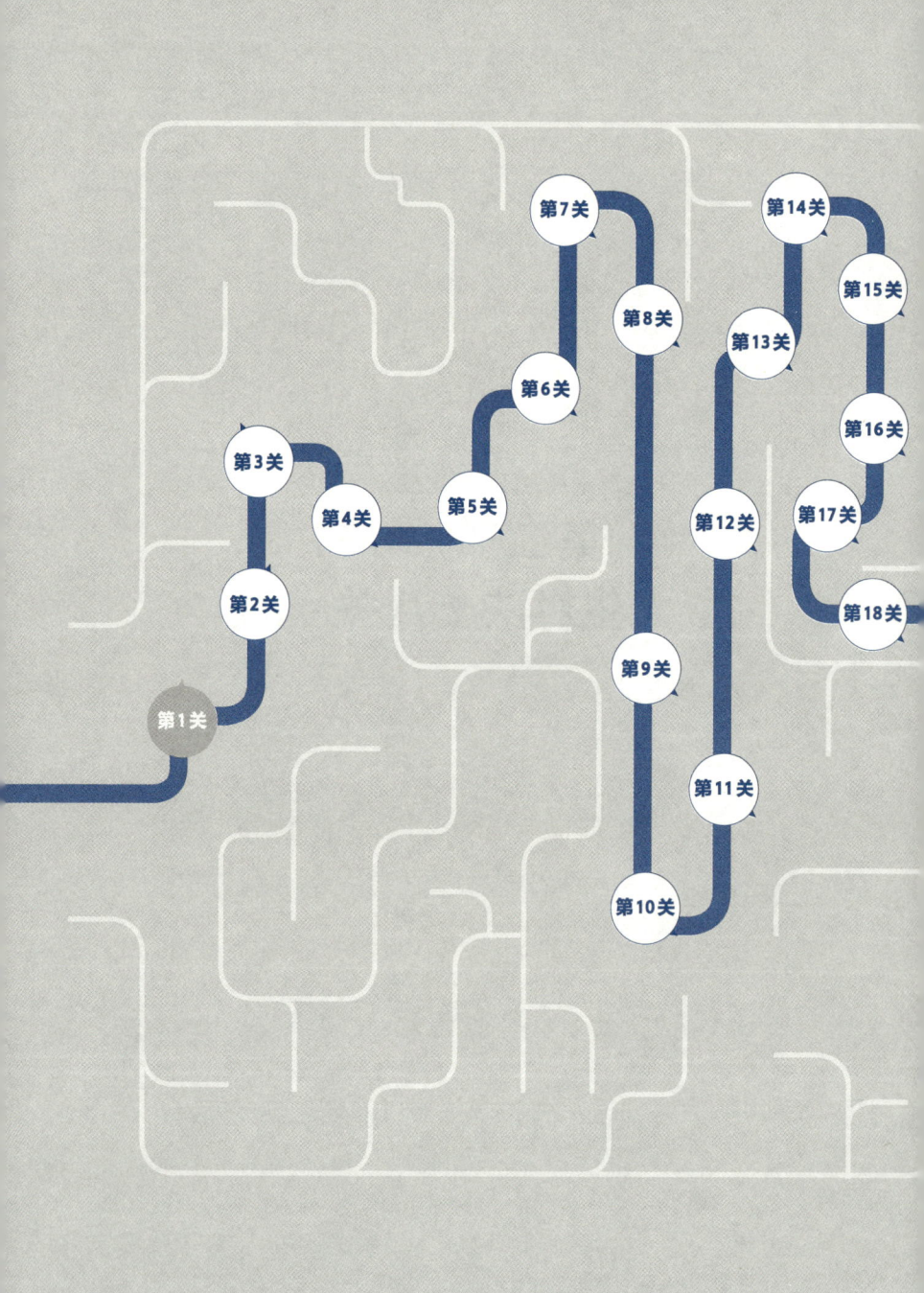

第1关 第2关 第3关 第4关 第5关 第6关 第7关 第8关 第9关 第10关 第11关 第12关 第13关 第14关 第15关 第16关 第17关 第18关

第1关 片面
用三个旋钮打开人生局面

计算机、大数据、人工智能的飞速发展,以及金融市场和全球化经济的进程,令概率成为现代人必备的"底层算法"。科学家说,人类的大脑可能天生就是一台懂得贝叶斯概率算法的机器,只是人类很晚才懂得如何计算概率,所以人类大脑很难对概率计算形成直觉判断。

让我们看一下,世界上最厉害的人的基本共性——从最根本上思考事物的本质。当试图探寻一个不确定的世界的本质时,你必须运用概率思维,否则就是耍流氓。

三个旋钮

你面对的第一道难题是片面。想象一只在纸上爬行的蚂蚁，它的世界是单层的。如果四周有不可逾越的障碍物，它就完全被困在这个平面上了。

现实世界是立体的。如果那只困在纸上一筹莫展的蚂蚁能够突破片面思维，就会发现原来还有直上直下的电梯，可以通往其他层面。

为了解开片面这一难题，找到通往其他层面的方法，我设计了三个旋钮。

第一个是"教练"旋钮，负责调兵遣将，分配赛道。

第二个是"老板"旋钮，负责找到最好的赛场资源。

第三个是"玩家"旋钮，负责全力以赴，执行任务。

当这三个旋钮共同作用的时候，你就可以跳出片面的局限，进入更广阔的立体世界，取得世俗意义上的成功。

```
"教练"旋钮 ┐
          ├ 赛道
"老板"旋钮 ┤
          ├ 资源
"玩家"旋钮 ┤
          ┘ 执行
```

"教练"旋钮：选赛道比努力更重要

我们来做一道选择题：如果现在是 1998 年，你手头有 50 万元，你会选择创业，还是买房？

有人选择创业，因为他们发现马云、马化腾、丁磊这三位互联网大佬都是在 1998—1999 年创业的，启动资金都是 50 万元。假如这三位大佬没有创业，而是跑去买房，收入肯定会大幅缩水。《商业周刊》的一则统计数据提醒我们，创业成功率约为 2%。假设一个有 50 万元启动资金的创业者收益 5 000 万元，即 100 倍的回报，这个数字看起来非常可观。但如果我们按创业成功的概率，将上述收益折算到每个人头上，人均回报就只有启动资金的两倍。

如果在那个时候买房子呢？闭着眼睛都能涨 5~10 倍，成功率 100%。再算上三倍的抵押贷款杠杆，每个人的实际回报能有 15~30 倍。

因此，作为一个理性的决策者，在当时你还是应该买房，而不是创业，选对一个正在上升的赛道可能比天赋、能力、努力都重要。市场上有一个残酷的事实：有些行业赛道就是好过他者。制药厂或银行即使管理不当，它们的长期资本回报率还是高于运作精良的炼油厂或汽车零件制造商。这不仅仅是多赚一点儿,少赚一点儿的区别。

只有专业,没有赛道意识,可能会酿成悲剧。

1994年,柯达的胶卷业务在中国市场受到富士公司的强烈冲击,节节败退。按照常规的打法,柯达几乎没希望翻身,所以它使出了一个超级大招——出资10亿美元,全行业收购中国胶卷企业。此招一出,中国胶卷行业的7家企业与柯达合资,柯达股价大涨,在中国市场也反超富士,市场占有率高达67%。

柯达看似取得了市场战的胜利,但在当时,全球照相机行业发生了一个巨变——数码相机正在崛起。2002年,数码相机销量首次超过传统相机。柯达早在1975年就发明了数码相机,但因为关注当下的现金流,30多年来依旧坚守传统胶卷的赛道。

今天的我们知道,柯达打赢了一场战斗,却失去了整个战役。这个玩家的战斗力固然爆表,但因为选错了赛道,最终在赛场折戟沉沙。

麦肯锡公司的一项研究表明,超过70%的公司是随着行业趋势的上升而上升的。行业和区域是决定公司利润的两个重要因素。一家公司在行业和区域的利润曲线会上下移动,涨跌空间不会超过25%。选择行业就像选择乘电梯,还是爬楼梯,只要你进入电梯,大概率是随着它上上下下。

不仅公司有选赛道的问题,个人也有。有人说,如果要选择挥拍类运动,你最好模仿网球名将罗杰·费德勒,而不是羽毛球冠军林丹。同样是排名前十,网球运动员的收入比其他挥拍类运动员要高10~20倍。林丹绝对有天赋,训练非常刻苦,战绩也很好,算得上顶尖的羽毛球运动员,但是他无法克服羽毛球这一行业相对网球的劣势。即便做到世界第一，收入还是远不如费德勒。

我也有这样的感受。我在读书的时候拿到学校的围棋冠军，结果并没有什么人关注。打篮球的男同学即使只是参加班级之间的友谊赛，也会有很多女生围观喝彩。这就是"男怕入错行"的悲剧性后果。

前面说的柯达公司在中国使出超级大招，发挥出一名玩家的最高水平，但因为没能拧开"教练"旋钮，选错了赛道，最终输掉了整个战役。

通过上述两个例子，我们可以看到"教练"旋钮的重要性。它能帮助你跳出一个玩家的视角，从一个专业教练的层面制定战略，选择正确的赛道。当然，仅仅做对选择还不够，你还需要在这个赛道打开局面，站稳。这时，你就需要用上"老板"旋钮。

"老板"旋钮：洛克菲勒转动旋钮，整合资源

19世纪第一个亿万富翁洛克菲勒曾经就面对这样的问题。1870年，洛克菲勒在创立标准石油的时候，转动了"教练"旋钮，明智地选择了石油行业。当年，石油业蒸蒸日上，潜力无限。但洛克菲勒发现，若想在石油行业进一步发展，问题就出现了——当时绝大多数企业都在亏损，因为小炼油商技术差，造成了很大的资源浪费和环境破坏，而且行业分散，大家都各自为战，所以石油价格很不稳定，没有人愿意持续研发新技术，行业得不到发展。这时，洛克菲勒启动"老板"旋钮，开始整合分散的石油产业。摆在他面前的有几个困难：没那么多钱，合伙人跟他不是一条心，行业分散，上下游水平参差不齐……洛克菲勒曾说，每个人都是他自己命运的设计师和建筑师。他是如何——解决问题,设计、建造自己的命运的呢?

首先,他花大价钱买回合伙人的股份,从此统一了公司的话语权。

其次,为了解决资金问题,他在1870年建立了一家股份公司,也就是标准石油公司,以吸引外部资本。标准石油公司分离出了煤油中的汽油,让煤油不那么容易失火。洛克菲勒通过向客户提供最稳定、最安全的煤油产品,在市场上备受欢迎。

再次,因为分散的行业得不到进一步发展,洛克菲勒就大规模整合了他所在的炼油业。从大本营克利夫兰出发,洛克菲勒征服了本地的二十几家竞争对手,并继续将炼油业务扩展到其他城市。

最后,洛克菲勒沿着产业链纵向扩张,整合采油、炼油、运油甚至销售等业务,实现了从开采石油到将石油产品送到消费者手上的全产业链把控。

大多数炼油商觉得自己是一家公司的老板,但他们没有意识到,他们只是整个行业里的一个小小玩家。洛克菲勒并没有满足于玩家的身份,而要继续做整个行业的资源整合者。因此,我认为他真正转动了"老板"旋钮。"老板"旋钮的内核是如何正确地对待资源。洛克菲勒没有把缺少资源当作限制,而是寻找机会甚至改变环境,以获取自己需要的资源。

"玩家"旋钮:努力把一件事做到极致

通过洛克菲勒的商业案例,我们再用三个旋钮来分析一下他是如何成为石油巨擘的。

刚刚进入这个行业的洛克菲勒,在任何一个层面都并不领先。

在"教练"旋钮代表的战略选择层面,洛克菲勒和其他人一样被堵在炼油行业这个赛道上。

在"老板"旋钮代表的资源层面,洛克菲勒没有领先对手的地方。

在"玩家"旋钮代表的专业能力层面,他也谈不上有什么"别人赚不到钱但我能"的独到之处。

但洛克菲勒把所有劣势化为优势。很多人会把难题看作一道密不透风的围墙,若要破解,最多苦苦求索一个破局点,或者在一条线上想问题。洛克菲勒呢?他用一条条线索构建了一个抽象的本质世界,顺着别人看不见的楼梯上楼。

从专业能力层面来看,标准石油公司的产品是当时市面上最安全、最稳定的煤油产品,洛克菲勒转动了"玩家"旋钮。

从战略选择层面来看,洛克菲勒选择了炼油这个赛道,在这个赛道做到集大成之后,他又拓展到整个石油行业。

从资源层面来看,洛克菲勒不仅像我们在上述提到的,整合了行业内的资源,还调集银行业、铁路行业支撑他实现目标,可以说把"老板"旋钮运用到了极致。

洛克菲勒最大的秘密是把这三个旋钮代表的三个层面当作整体进行构思。他有一种上帝视角式的鸟瞰思维,把三种不同层面的思维模式纳入一个系统化结构,从而创造了财富奇迹。

这样,你就能够理解,为什么我们身边混得好的人,既不是最聪明的人,也不是最懂运营的人,更不是资源最多的人,而是同时把三个旋钮用得最好的人。做到这一点,我们就可以跳出片面的局限,进入更广阔的立体世界。

→ 复盘时刻 ←

1

一个人取得成功到底靠的是什么？努力，能力，运气，关系？要回答这个问题，只选一个答案没用，选"以上皆是"也没用。这就像问你汽车的四个轮子哪个重要，说其中之一肯定不对，说四个也非正解。只有当这四个轮子通过一个系统一起工作的时候，车才能开动起来。本章讲的，就是如何构建一个这样的动力学系统。

2

一个厉害的人兼具"老板、教练、玩家"三层思维。巴菲特在投资方面特别厉害的一点是，他当过球员，当过教练，也当过老板。

青少年时，他在理发店经营弹珠机生意，涵盖连锁、新零售、博彩等多个热门概念，放在今天都很时髦。当他用股权投资企业时，其实就是当教练，在过程中改善经营，争夺管理权，与工会斗争，表现得相当冷血和强硬。

3

如果你是一个有丰富资源的人，也别太迷信自己的关系。你要想的是，如何设计自己的动力系统，创造有价值的东西。

4

再回到我们的话题，三个旋钮对应着一个"三层模型"，即资源层、配置层、专业层。你并不需要在每一层都表现得很厉害，关键在于你能否将这三层打造成一个完整的系统。

5

在这三层具体应该怎么做呢？

"资源层"关键词：获取资源，为自己制造运势，保持开放性。

"配置层"关键词：分配资源，理性，远见，计算，确定将要去的地方。两个字——将、要，本质上也是分配概率。

"专业层"关键词：做一个职业化的执行者，发挥个人的独特优势，只要稳定在某个水准就可以。例如，你有 52% 的胜率，稳稳地实现即可。不管好坏，打出去，只管自己正常发挥，并不断提升。赢了开心，输了认命。

6

当你有"专业"时，要想办法形成对资源的"优先权"；当你有"资源"时，要尽快让自己的专业对得起自己的关系；而在"配置层"，你要像一个教练或者牌手，不仅冷静地打好手上（或好或坏）的牌，还要想着如何让自己的下一手牌运气更好。

7

经过九段心法的学习，你已成为一名出色的玩家。现在，你将进入通关挑战，在各个关卡克敌制胜。

通关挑战的各个关卡暗藏着陷阱和很多意想不到的难题，我会带你一一面对这些难题，掌握解决和战胜它们的人生算法。

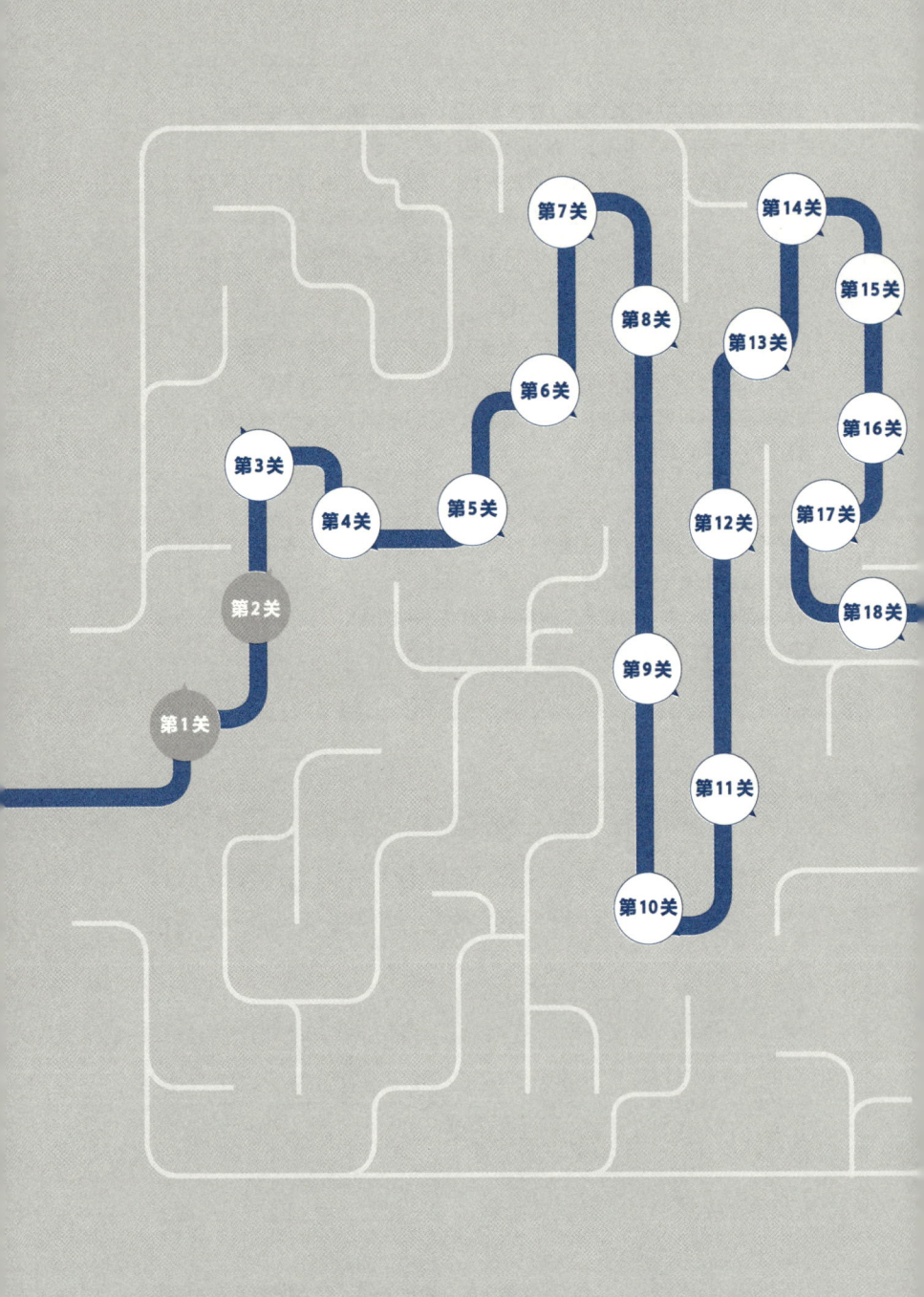

第1关
第2关
第3关
第4关
第5关
第6关
第7关
第8关
第9关
第10关
第11关
第12关
第13关
第14关
第15关
第16关
第17关
第18关

第 2 关 狭隘
穷人思维是打折甩卖了概率权

概率权是指概率是一个人的权利。人们对这项权利的理解和运用,决定了他们在现实世界中的财富。

进而,概率权还可以是概率的分配权。例如,流量、IP 等,背后其实都是平台的概率权分配游戏。尤其在信息时代,万物皆被编码。这意味着,可以通过数字化的"码"控制物理世界的"万物"。

为了公平,这类控制通常是通过概率权实现权利与财富的转移。商业世界的新平台对旧平台的冲击,也是打破旧有概率权分配,建立新的概率权分配机制。

这就是商业世界的算法。

狭隘是我们面临的第二个人生难题。人和人之间的差异很多时候不在于能力，而在于眼界。盲区内的一些事物总在不经意间被我们放弃了。我希望，通过比较富人思维和穷人思维的差异，能够帮助你把握时间权和概率权，用更广阔的视野看待日常生活中的抉择与挑战。

富人思维与穷人思维

富人思维与穷人思维最大的差别在哪里呢？我在观察、分析后得到的答案是两者的期望不一样。

期望是概率论里的重要概念，可以把期望理解为你对未来的预期。你可能会认为，预期不过是一种心理活动，它为什么能塑造两种截然不同的思维方式并产生那么大的力量呢？

事实上，期望衍生出了两种权利——时间权和概率权。

时间权可以理解为，你能不能掌握时间带给你的价值。如果你对未来预期很高，你就能忍受当下的不确定性，延迟满足，这样你就掌握了时间权。相反，要是对未来没有抱很高的期望，你当然希望尽快兑现，你就在无形中打折甩卖了时间权。举个形象的例子，你种了一片苹果林，要三年后才结果，但你等不及，很快打折处理了树苗，这就是放弃时间权的典型表现。

把掌握时间权这件事做到极致的一个人是巴菲特。他坚持长期持有有价值的资产，做时间的朋友。按常理来说，巴菲特在买入资产的时候肯定希望拿到一个好价格。反过来看，谁会把好公司便宜卖给他呢？

还真有人愿意，就是那些打折甩卖自己时间权的人。

2008年，高盛在金融危机的冲击下岌岌可危，巴菲特用50亿美元的价格购买了高盛的优先股。这笔交易还附带一个权益，巴菲特在5年内有权低价买入高盛4 350万股股票。仅这一笔交易，巴菲特就拿到35%的回报。

概率权跟时间权有点儿类似，它看的是你能不能计算出一件事成功的概率，同时可以承担它失败的风险。如果你承担不了一点儿风险，希望得到百分之百确定的答案，那你就完全放弃了概率权。举个例子，有个倒霉鬼欠了黑帮100万元，如果不马上还，他就会没命。当时他手上正好有一幅祖传名画，市场价值5 000万元，但因为他想马上换钱，买家只肯出100万元。这时，他非卖不可。有时，有些人手上的概率权，就像这个倒霉鬼手上的名画，明明很值钱，却不得不打折甩卖。这就是被迫放弃了概率权。在更多的时候，是我们自己主动放弃了概率权。

用概率权理解两个按钮的选择

若要深入理解个体对概率的好恶,我们可以回到本书一开始提到的"两个按钮"的选择题。看看在概率权的视角下,我们应该怎么做选择。

假设你现在面对两个按钮:如果你按下第一个按钮,直接给你100万美元;按下第二个按钮,你有50%的机会拿到一亿美元,也有50%的机会什么都没有。这两个按钮只能选一个,你会选哪个?

有100%的概率
获得100万美元

有50%的概率
获得一亿美元

大部分人选择直接拿100万美元,因为这本来就是飞来横财,落袋为安。你做出这个决策的时候,就已经放弃自己一大部分的概率权。其实还有更多更好的办法能让你的收益最大化,同时也规避一定的风险。我想带你用概率的思维分析这些精彩的策略是如何实行的,以及它背后的算法究竟是什么。

我们先要理解期望值的概念,它是概率分布的一个经典描述量。简单来说,把试验中每次可能的结果乘以这个结果出现的概率,就能得到一个期望值。

我们计算一下上述两个按钮的期望值。

第一个按钮，结果是确定的100万美元，概率100%，两者相乘，期望值是100万美元。

第二个按钮，结果是一亿美元，但拿到的概率只有50%，两者相乘，期望值是5 000万美元。

从概率的视角看，我们肯定选期望值更高的5 000万美元。那些拿走确定的100万美元的人，一方面是因为他们无法忍受50%的可能性什么都拿不到；另一方面更是因为他们没有掌握概率权，无法理解价值5 000万美元的期望值。

在理解期望值的概念以后，我们就能跳出二选一的选项，通过概率思维找到实现收益最大化的方法。例如，第一种方法是把按按钮的权利以2 000万美元的价格卖给别人，让更愿意承担风险的人帮你接盘。对他来说，用2 000万美元换得5 000万美元的期望值是划算的。你获得了确定的2 000万美元，你的期望值就从100万美元提升到了2 000万美元。

要是找不到理想的接盘侠，还有第二种方法：找到一个比你有钱的人，把选择权以100万美元的价格卖给他，但同时约定，如果他中了一亿美元就两人平分。你的收益保底也有100万美元，要是中奖还能再分5 000万美元，你的期望值又提高了。

还能不能进一步扩大你的概率权呢？第三种方法是把这个选择权"切碎"了变成彩票，两美元一张，印两亿张。不计彩票的印制和发行成本，你就能进账4亿美元。就算头奖分走一亿美元，你还能赚三亿美元。

听到这里，你可能会觉得有点奇怪。开始的时候面对两个选择，一个是确定的,一个是不确定的。可是这个不确定的选项到最后怎么就变得确定了,而且收益要比前者高得多呢?

这就是穷人思维和富人思维的最大区别——我们在生活中面对各种各样的选择,每一个选择背后都有成和败的概率,穷人思维倾向于拿到确定的东西,放弃概率权;富人思维正好相反,每次选择的时候都愿意根据成功的概率和自己的本金下注,计算期望值,珍视自己的概率权。

请注意,珍视概率权不是让你去赌,而是跳出自己的直觉本能,用概率思维思考自己的每一个选择。反过来看,穷人思维放弃概率权,不是说他们不去赌。这种思维方式更倾向去赌一些极低概率的事情,比如买彩票,两块钱两块钱地买,博一个发财梦。但明白彩票原理的人都知道,买彩票成功的可能性几乎为零。组织销售彩票的人正是按照概率思维设计了这套机制,他们反而是稳赚不赔的。就买彩票这件事来说,我觉得是穷人在补贴富人。

再来看看富人思维。扎克伯格创业没多久,雅虎公司就出价10亿美元收购脸书。这是一次大发横财的机会,但扎克伯格拒绝了。他面对的选择是马上拿到10亿美元,还是以百分之几的可能性,在数年之后拿到1 000亿美元。这跟我们前面举的那两个按钮的例子特别像。

几年之后,另一家创业公司Snapchat用类似的方式拒绝了扎克伯格30亿美元的收购要约。这是硅谷精神的一种表征:不仅仅是发财梦,更是一种财富观,一种雄心壮志,一种对概率权的把握。

拥有富人思维的人会充分运用自己的时间权和概率权。拥有穷人思维的人则会打折甩卖自己的时间权和概率权。问题来了,大家都知道概率权和时间权对于发展富人思维而言非常重要,为什么却很少有人能够把握二者呢?

我认为主要有两个原因。一是人类天生讨厌不确定性。概率权是不确定的,时间权是未来的。我们的大脑喜欢确定的东西,喜欢现在就能看见、能摸到,它会把你拉向穷人思维的那一边。二是因为人类的时间和大脑的计算能力是有限的,大多数人不会用概率的思维思考问题,而是依赖直觉,这又容易让我们陷入穷人思维的陷阱。

如何摆脱穷人思维

在看到富人思维与穷人思维的差异后,一方面你肯定迫切想摆脱自己身上的穷人思维,另一方面你也会感到好奇:许多书香门第、财富世家为什么能够源源不断地出现拥有富人思维的厉害人物呢?除了基因、资源方面的因素,我认为可能还有以下三个原因。

第一,他们从小就有足够高的参照点,不容易被小利益诱惑,更能承受风险,从而获得高回报。就像最开始的例子,如果你家里已经有 1 000 万美元,你对那白来的 100 万美元就没有那么渴望了,它的诱惑力就没有那么大了。

第二,身边人的示范效应。爸爸、叔叔、伯伯会不断告诉他们要往前看,他们的成就绝不仅仅是眼前这点儿。

第三,在这样的环境里长大,他们内心的理想、激情有更多的机会被点燃。

但是,绝大多数人不会生于书香门第或者财富世家。幸好,这个世界给每一个人都留了一道后门:你可以通过学习超越自己与生俱来的家庭局限,认识概率权,掌握概率权。要知道,这是我们的大脑里发生的事情,虽然它千难万难,但毕竟我们不需要任何额外的资源,没有任何人能够阻止。

我想用哲学家吉姆·霍尔特的一则生活信条来做总结。霍尔特表示,我们所生活的这个世界是一个随机产生的不完美的世界,它既有好的成分,也有坏的成分,但我们可以通过行动将好的成分放大,将坏的成分缩小,这也是我们生活的一种目的。

理解概率权,你就掌握了这个放大和缩小的工具。理解时间权,你就能追求长期价值。掌握二者,将富人思维运用至生活的方方面面,你就可以克服狭隘,用更广阔的视角看世界。

→ 复盘时刻 ←

1

"选择"是人类历史的核心关键词。人类即自然选择的产物。

2

在心理学中,决策是一种认知过程,个人经过这个过程后可以在各种选择方案中,根据个人信念或者综合各项因素的推理,决定如何行动,或者表达自己的意见。每个决策过程都会以产生最终决定、做出最终选择为目标。这些选择的形式可以是一种行动或意见。

3

决策有如下三个让我们困惑的地方:它有取有舍,它有得有失,它有不确定性。

有取有舍:有人说决策就是选择,不仅如此,你还需要舍弃。而且根据墨菲定律,你舍弃的东西经常比选择的东西要好。

有得有失:决策不是以不后悔为目的的,因为后悔无法被消除,我们只能理性地追求后悔最小化。

不确定性:是否后悔,后悔程度有多高,在决策的时候,总是雾里看花,只有在事后才可以评估,但又为时已晚。

4

决策的不确定性,大概源于事件上的不确定性和时间上的不确定性,两者交织在一起,为决策者带来巨大的挑战,但也形成了套利空间。

5

什么叫套利空间呢?就像"赌玉",面对原石,谁也不知道里面玉石的好坏与大小,只能靠赌,也就是根据概率做决策。你出价太低则抢不到机会,出价太高则可能亏本。所以,拥有概率优势的人,就有机会赚更多的钱。

6

还有一个时间上的套利空间:着急想变现的人,常常提前打折甩卖自己的资产和未来。

7

以上两条,分别对应着"概率权"和"时间权"。概率权是我原创的一个词,并非我多么热衷于创造概念,而是这个词的确表达了一些新的意思。假如有更好的概念,我们将其替换掉就好了。

有人说,这不就是期权吗?当然不是,因为概率权与当下的决策有关。

那么"概率权 = 概率 + 选择权"吗?假如是,"概率权"这三个字至少省了两个字和一个符号。

8

我一直觉得,成年人的绝大多数用于自我完善的努力其实都没有意义,因为成年人早已成型。不信你看看周围的人,如果谁走了好运,大多是因为他坚持做自己,做对了选择。

所以,对于个体来说,最能改善生活与事业的,是提升自己的决策能力。

9

"选择比努力更重要",这句话对,也不对,因为很多努力就是为了获得"选择权"。

然而,大多数人对于看得见的努力,愿意拼命投入;对于看不见的选择,却仓促行事。

10

有研究表明,穷人和富人的差别,不仅仅源于机会的差别,而是即使面对同样的机会,穷人也很难做出正确的选择。

这就是我所说的被放弃的概率权。

富人思维

等于

概率权 + 时间权

第1关
第2关
第3关
第4关
第5关
第6关
第7关
第8关
第9关
第10关
第11关
第12关
第13关
第14关
第15关
第16关
第17关
第18关

第3关　模糊
量化思维比精确数字更重要

当人们意识到这个世界充满了不确定性，一部分人选择任由其模糊不清，一部分选择用思考去丈量未知。

人们有时感慨"道理"不能让人过好这一生，大多是因为无法量化的"道理"未必是精准的。

另外，我也喜欢爱因斯坦的一句话："不是每一件有意义的事物都可以被量化，也不是每一件可量化的事物都有意义。"

用量化思维找到绑匪

故事发生在 1933 年,几个人蒙面、持枪抢劫了美国石油大亨尤索。尤索一路被蒙住眼睛、塞上耳朵,没法看见行车线路,抑或听到周遭的声音。绑匪用非常巧妙的方法拿到了 20 万美元的赎金,经过长途跋涉躲到一个偏僻的地方。他们神不知鬼不觉,没有给警方留下任何痕迹。如此看来,这桩绑架案的犯罪分子的行动堪称完美。但到最后,绑匪还是被抓住了。怪就怪绑匪绑错了人——他们绑架的是一位量化思维的高手。

尤索在被绑匪释放后,向 FBI(联邦调查局)探员提供了三条线索,每一条线索都是经过量化的。

第一,被绑架一个多小时后,他们经过两个小油田,或者两个大油田的边缘,他的职业经验让他闻出了油田的气味,并隐约听见了钻井的声音。

第二,他根据车速和时长,估计汽车开到关押点,行驶了大概960公里。

第三,他听见被关押地上空每天有两次飞机降落,他估算航班间隔时间,推测这两个航班降落的具体时间分别是早上 9∶45 和下午 5∶45。

FBI 根据这三条线索,在地图上圈定范围,很快锁定了得克萨斯州一个偏僻的农场,果然在那里抓住了绑匪一家。

换作别人被绑架,肯定会手足无措,尤索却一路上在脑子里掐秒表、数数。虽说他做的这些计算并不复杂,但它们叠加在一起却实现了堪称传奇的效果。

什么是量化思维

简单来说,量化思维就是用数字解决问题。在刚才说的那起绑架案中,主人公就是用量化思维,记录并估算所有相关的数字,从而提供了非常有价值的线索。

《黑天鹅:如何应对不可知的未来》一书的作者纳西姆·塔勒布说:"数学不只是'数字游戏',更是一种思考方式。"塔勒布自己就曾用一个数学概念,帮助读者更好地理解金融风险:"你需要提醒自己,如果一条河的平均深度为 4 英尺,就千万不要过河。"

4 英尺有多深?大约 1.22 米,对于一个成年人来说,大概是刚到胸部的高度。水不深,为什么不能过河呢?你要意识到 1.22 米是平均深度,河边也许只有 10 厘米深,河中央就可能有两米深。如果不慎跌入两米深的泥沼里,那可就危险了。

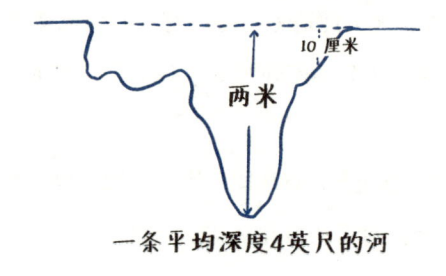

一条平均深度4英尺的河(两米, 10厘米)

我们都知道金融市场有风险,但对于具体风险是什么,我们并没有真切的感知。塔勒布只用了一个简单的数字比喻,就把金融风险的概念讲明白了。

量化思维不仅能帮我们理解现实,还能帮我们更精准地定位未来。优步创始人特拉维斯·卡兰尼克在构思"网约车"这个新鲜的商业创意时,将量化思维用于沙盘模拟:如果一个城市只有三辆车可以供应,那么用户叫一辆车至少要等20分钟。但如果有20辆车可以供应,用户等的时间就会缩短,会吸引更多的人使用这个工具,司机的收入也会相应增加。通过量化思维,卡兰尼克估算出网约车的规模效益能够发挥的作用,从而明确了自己的商业模式。

可以看到,上述几个采用量化思维的案例仅仅用到了加减乘除,并没有刻意追求精确的计算结果。应用信息经济学创始人道格拉斯·哈伯德在《数据化决策》一书中点出了量化思维的关键之处:量化的概念是减少不确定性,没有必要完全消除不确定性。

怎么理解这句话?其实就是范围比精准更重要。量化是初步圈定范围，但并不要求一步就实现绝对的精准。前文提及的绑架案，主人公的量化数据未必精准——"可能有油田""大约开了多久"——都不是确切的数据，但它们叠加在一起，一步步确定范围，就能帮助FBI找到相应的位置。

精准的数据不重要，真正重要的是什么呢？哈伯德认为，"量化方法就隐藏在量化目标中。确定真正要量化什么，是几乎所有科学研究的起点"。也就是说，最重要的是搞清楚要量化什么。若能弄明白自己需要量化的指标，该怎么量化就会变成一件水到渠成的事。

如此看来，量化思维的关键在于找到应该量化的指标，这其实也是解决问题的突破口。掌握了量化思维的关键，某种程度上你就解锁了解决问题的能力，能化解生活中一些看似无解的问题。比如，应聘者在硅谷面试的时候很容易遇到这一类问题："西雅图有多少个加油站？北京有多少家星巴克？"

你可能会疑惑："没有参考数据，我怎么知道答案呢？"事实上，这类看起来回答不了的面试题，就是要考查一个人用量化思维一步步找到真相的能力。像这样考查量化思维能力的问题，又名费米问题。费米本人曾提过一个典型的估算题："芝加哥有多少个钢琴调音师？"他从题眼里找到了真正需要量化的指标，漂亮地解决了这个问题。具体来说，费米先提出了以下几个假设。

（1）大约有900万人生活在芝加哥。
（2）在芝加哥，平均每个家庭有两人。
（3）大约每20个家庭中，就有一个家庭需要定期给钢琴调音。
（4）钢琴每年需要调音一次。

(5)每个调音师大约需要两小时调音,包括路上的时间。

(6)每个调音师每天工作 8 小时,一周 5 天,一年 50 周。

上面这些数字都是估算的,都很不精准,但通过这些量化的指标,我们可以得到芝加哥每年有 22.5 万架钢琴需要调音,结合每位调音师的工作时间,可以估算出当地一共需要 225 名调音师。

实际上,芝加哥约有 290 名钢琴调音师,这和上述估算的数值非常接近。

硅谷的高科技公司之所以喜欢出这一类面试题,是因为它们想测试应聘者在没有任何线索的情况下,是否能找到解决问题的思路和办法。

在现实环境中,我们遇到的大多数问题都毫无头绪。上面提到的费米估算法不仅能帮助人们看清真实世界,更体现了一种敢于向未知问题发起进攻的勇气和思路。

OKR 可以启发你的量化思维

我们还可以借鉴当下非常热门的管理概念"OKR"来应用量化思维,解决生活中的问题。

OKR 是一种量化思维工具。O 是英文单词 Objectives(目标)的缩写,KR 是 Key Results(关键成果)的英文缩写,OKR 就是"目标与关键成果法"。

1979 年底,OKR 诞生于英特尔公司。当时英特尔的微处理器 8086 正逐渐被摩托罗拉的新产品 68000 取代,公司陷入巨大的困境。

由于技术迭代,电子行业的改朝换代本是常事,但英特尔却在产品没有创新的基础上,用一场名为"粉碎行动"的营销战役扭转了局势。

英特尔之所以可以用一手烂牌打赢强大的对手,是因为它采用了OKR这个秘密武器来指导"粉碎行动"。从此之后,OKR成为英特尔管理的核心工具,并经由谷歌的传播被全世界的公司学习。

为什么说OKR是一种量化思维工具?因为使用这项工具的核心是完成以下两个动作:

第一,设立正确的目标,也就是明确什么指标需要量化。

第二,设计关键结果,也就是拆分需要做的动作,这个结果必须可以明确量化。

当时的英特尔CEO格鲁夫解释了OKR为什么会达到这样的效果——最终结果是显而易见的,根本不需要争论,是或否,就是这么简单。使用OKR,就相当于把模糊的管理问题变成了计算机语言的0或者1。

我们从格鲁夫的理解中可以验证:OKR就是确立目标,明确你要量化的指标是什么,并把整个执行过程也量化。这样的话,最后的考核也是可量化、清晰可见的。这就是量化思维的一种体现。

我们在工作和生活中,其实都可以运用OKR这套方法和理念。比如,健身、学习等,都能够设立明确的OKR。核心就是要回答以下几个问题:你的目标是什么?实现这个目标最核心的衡量指标是什么?你应该用哪些可量化、可检验的动作完成它?

让你"心中有数"的量化思维,并不是要你做复杂、精准的计算,而是用量化方式,一点点增加现实世界的分辨率,逼近你的答案。OKR就是一个简便、能够借鉴的量化思维工具。

→ 复盘时刻 ←

1

万物皆数,可以从两个角度来理解:一是"万物皆数字",二是"万物源自比特"。

2

前者是说毕达哥拉斯的"万物皆数",他认为数学可以解释世界上的一切事物,他对数字痴迷到几近崇拜;同时,他认为一切真理都可以用比例、平方及直角三角形进行反映和证实,譬如主张平方数"100"意味"公正"。迷信之余,他也开启了古希腊在数学、逻辑、哲学上的科学探索。

3

后者是物理学家约翰·惠勒所说的"万物源自比特":人的生命乃至意识,是写在 DNA 上的信息,而信息的基本单位就是比特。

4

量化思维是科学思维的基础。中国古代为什么没有严格意义上的科学?以天文为例,北宋人沈括建设了一个巨大的观测台,测量行星长达五年,采集了大量的数据,然而他并没有用这些数据计算数学规律和行星的轨迹,而只是用其解释星相,帮皇帝占卜。

尽管西汉时已有《周髀算经》和《九章算术》,南朝祖冲之对圆周率的估算领先世界 1 000 多年,但是仅限于实用性的计算,而忽视公理化建设和理论推导。

5

数据已经成为当下和未来的石油。看一下全球前十大上市公司,大多是基于"数字"的公司。ABC= 人工智能(Artificial Intelligence)+ 大数据(Big Data)+ 云计算(Cloud Computing),是当前最受关注的技术。

6

再说商业。什么叫商业模式？就是能算得过来别人算不过来的账。商业的本质就是算账，那些算不过来账的生意早晚会垮掉，例如，共享单车。你算得过来别人算不过来，这就是你的核心优势。随便找一家厉害的公司，都可以用这个理论来分析。企业的定价权，也是算账的一部分。

7

中国市场的巨大机会来自弯道超车式的数字化变革。我们并没有经历一个像样的软件时代，过去这些年，经济发展的速度很快，但发展模式也很粗放。而当下的 ABC 浪潮，其实顺便把"软件时代缺的课"和"缺乏数字化思维"全给补上了，所以收益也是加倍的。

8

工业时代，人类实现了机械的自动化；信息时代，人类实现了信息处理的自动化；而 AI，则可能实现大脑和决策的自动化。
从毕达哥拉斯到人工智能，统治这个世界的底层力量是数字。

9

我努力将对于一个人来说至关重要的算法梳理了一遍。这其中没什么复杂的计算。想想看，从学校毕业之后，你用过几次超过小学水平的数学计算？

10

最重要的是计算思维和科学思维。
我们应该遵循莱布尼茨的教导，遇到问题别当"杠精"，也别空对空互喷浪费时间，而应说："来，让我们算一下。"

第1关 第2关 第3关 第4关 第5关 第6关 第7关 第8关 第9关 第10关 第11关 第12关 第13关 第14关 第15关 第16关 第17关 第18关

第4关 侥幸
在随机性面前处变不惊

人们对随机性的研究,最早来自赌场。

尽管赌场对赌徒而言,是负期望值的,但它为心急的人提供了一种貌似公平的、即开即食的"随机性快餐"。然而,在大数定律的控制下,赌徒的钱包毫无随机性可言。

有些事情,对你而言是随机的,对庄家而言是精确控制的。这个世界有真正的随机性吗?上帝到底有没有在掷骰子?

无论如何,随机性确保这个世界不被锁死,人人皆可有梦想,某些先天优势会被抹平,事事似乎皆可重新开始。

无人能躲开随机性

人们在很多时候抱有一种侥幸心理：将实现财富自由寄托在买彩票上，把提升考试成绩寄托在考前押题。结果肯定不尽如人意。在充满随机性的世界，面对各式各样的不确定因素，除了心存侥幸，还有什么更好的应对方法吗？

为了更好地理解随机性，我想先问你一个大开脑洞的问题。假如有一天，你来到深圳的海边，把一杯水倒进大海里，过了5年，你在美国旧金山的海边用杯子舀起一杯海水，请问：5年前你倒入深圳的那杯水，有多少会出现于眼下你在旧金山的这个水杯里呢？答案是1 000个水分子。

你可能会质疑，怎么可能？深圳和旧金山之间的距离超过一万公里，中间隔着汪洋大海。再说了，这么多年风吹浪涌、下雨、蒸发，那杯水早就不知道到哪里去了，怎么可能重新被舀到呢？而且竟然有

1 000个水分子那么多。

事实上,一杯水虽然很少,但里面的水分子可不少,算起来大约有1后面加25个零那么多。

根据概率的计算,历经5年大自然的"搅拌",5年前你倒入深圳的那杯水中,会有1 000个水分子进入你在旧金山的杯子里。

计算方法是:

x/(1后面加25个零) = 一杯水/地球上的水

是不是觉得很奇妙?到底是什么在发挥魔力,产生了如此戏剧化的效果?答案是随机性。对于随机性,我们又爱又恨。年轻的时候,我们沉迷于随机性,向往不期而遇的爱情。甚至在看到《权力的游戏》的出乎意料的剧情时,我们也会觉得又惊又喜。可岁数越大,我们越害怕现实生活中的随机性:谈妥的事儿突然黄了,好好的投资踩了地雷,亲近的人得了重病……这些不由得让人感慨命运无常。

我很喜欢一位法国剧作家的一句话:"人们总是在逃避命运的途中,与自己的命运不期而遇。"只要我们来到世界上,就无法躲开随机性。很多事情的结果的确是由运气,而不是你的实力和努力决定的。随机性像无形的手,支配着世界。

历代的思考者都试图在自己的研究领域探索这个人生难题。从牛顿"决定论"时代人类的无知,到混沌理论,到量子力学的不确定性,再到数字和金融时代的变幻莫测……没有人能为这个问题画上句号。随机性是我们理解世界的重要底层逻辑,我们能做的就是拥抱它,接受它,学会与它共舞。

第4关:侥幸——在随机性面前处变不惊

理解日常生活中的随机性

我想跟你分享两条关于概率的冷知识。

第一，一个人在去买彩票的路上因车祸身亡的可能性是彩票中奖可能性的两倍。

第二，一个人每周坐一次飞机，要连续坐5万年，才会遭遇一次飞机失事的惨剧。

这里的概率，说的其实也是随机性的问题。在日常生活中，我们总在跟它打交道。比如，我们常常会问："为什么有些人的运气特别好？"

几年前，加拿大彩票管理部门打算把一些奖金返给彩民。它买了500辆小汽车作为奖品，用计算机程序从240万个彩民中随机抽取500人，一人奖一辆汽车。结果出来后，竟然有一个人中了两辆汽车！

计算机在随机抽取时，应该没有设置不能抽到相同的号——240万个号里随机抽取500个，谁想到会有重复呢？但你要是懂一些有关随机性的知识，就会发现这还真不算什么意外。从240万人中随机抽取500人，这500人中有一个人拿到两个大奖的概率大约是5%，虽然不算太高，但出现了也并不奇怪。

生活中会有很多巧合，有的人没有意识到是随机性在发挥作用，就喜欢让人算命，比如算八字看姻缘。有的人甚至认为完全不搭边的两件事之间也有必然性，比如参加重要的比赛要穿红内裤等。这些看起来都是些无伤大雅的小事。事实上，因为缺乏对随机性的理解而产生的误会，在全社会是普遍存在的，甚至还因此产生过一些世界性的谣传。

我们从小就知道百慕大死亡三角的传说。据说在这片海域多次发生失踪、海难之类的事件。无数途径死亡三角的货轮、军舰、潜艇、飞机等，都离奇地消失了，仿佛从人间蒸发了。

事实上，百慕大三角海域的面积只有约 100 万平方公里。虽说这片海域的确发生过不少灾难，但按照事故的比例计算，百慕大连世界最危险海域的前十名都排不上。

为什么百慕大这么有名？原来，有一位作家在其作品中虚构了百慕大附近的飞机失踪事件，之后以讹传讹，这个故事便流传开来。事实上，这根本没有数据支撑。

借由上述两个极端事例，我想告诉你，在随机性面前，在那些突如其来的好运与煞有其事的谣传面前，通常你有两条路可以选择。一是向不确定性屈服，相信神明，从神秘主义中寻求慰藉。二是拥抱不确定性，学会理解随机性，发现不确定性背后的秘密，并且利用随机性做出更理性、更智慧的选择，增大人生"中奖"的概率。

有一家公司选择了第二条路，解密百慕大传说，赚了不少钱。英国的一家保险公司通过数据分析，认定百慕大海域的事故率根本没有那么高，故不再向"穿越该海域的客户"收取更高的保险费，也因此赢得了更多的客户。

在随机性面前，假如你能够通过数据和知识，比别人看得更深，你就能够绕开各种不确定因素，获取收益。

如何利用随机性

人们最早探寻、利用随机性的秘密，是从赌场开始的。的确，赌场是一个天然的"随机性实验室"。讽刺的是,赌客们玩儿的是随机游戏,而赌场玩儿的是大数定律。赌客从偶然性中寻求刺激和幻想,赌场从概率优势的必然性中赚到大钱。这就好像赌客们在贡献数据,而赌场在运用算法。

是不是赌客就没机会了呢?历史上就有一个聪明人向随机性发起了挑战。1873年,这个聪明人盯上了蒙特卡洛大赌场的轮盘赌。他叫约瑟夫·贾格尔,是一家棉花工厂的工程师。在那个年代,贾格尔的身份就相当于今天的资深程序员。

轮盘赌这种游戏有38个数字,从完全理想的角度看,每个数字出现的概率是1/38。贾格尔想:"机器怎么可能做到完美对称呢?任何缺陷都可以改变获奖号码的随机性,导致转盘停止的位置偏向某些数字,这些数字可能会更频繁地出现。我就能借此赚钱。"

贾格尔雇用了6个助手,每个助手把守一个轮盘机器,记下中

奖数字，并交由贾格尔分析数字的规律。6天后，5个轮盘机器的数据没有被发现有意义的偏离，但第六个轮盘机器上，有9个数出现的概率远远高于其他数字。

第七天，贾格尔走入赌场，在第六个轮盘上大量投注那9个高频出现的数字，赚取了32.5万美元。这在当时可是一个大数字，超过现在的500万美元。

我们来回顾一下贾格尔掌握随机性，战胜赌场的秘密：第一，他发现了赌场的随机性漏洞，建立了自己的概率优势策略；第二，这个策略必须是可以重复的；第三，他反过来利用大数定律，并重复使用这个策略。

故事还没完。贾格尔干的最重要的一件事是在拿到钱之后，立即收手，购买了房产。也就是说，贾格尔没有继续用那些靠随机性赚来的钱参与赌博，而是用不动产巩固财富。如此看来，他真的是一个运用随机性的高手。

对随机性的另一类应用，被称为帕斯卡赌注。这是一类什么样的随机事件呢？你押错的可能性非常大，押错的成本小到可以忽略不计，但是万一押对了，奖励却非常高。在这种情况下，小试牛刀仍然是明智的。比如，你看上了一位高不可攀的女生，不妨大胆表白，就算被拒绝了，也没什么大不了的。

桥水基金的创始人瑞·达利欧年轻的时候就做过类似的尝试。他看到一栋自己特别喜欢的房子，但当时他根本没钱购买，屋主也没挂牌出售。其他人看看也就算了，但他还是打电话试了一下，结果屋主不仅愿意卖，还借给他一笔钱。

遇到这类问题，只要利用随机性，你就主动为自己创造了中大奖的机会。生活中的很多巧合和不可思议的事，其实都可以用随机性来解释。对于随机性，你需要做到以下三件事。

第一，理解随机性，拥抱生活中的不确定，在意外面前处变不惊。

第二，对于可计算的随机性事件，你可能从随机性中套利。

第三，对于帕斯卡赌注之类的事，你不妨大胆尝试一下。

《黑天鹅》的作者纳西姆·塔勒布写道："不管我们的选择有多么复杂，我们多么擅长支配运气，随机性总是最后的裁判，我们仅剩的只有尊严。"

我想，塔勒布说的尊严就是处变不惊，不要寻求迷信、巧合，而要勇敢直面，尝试计算，拥抱不确定。

→ 复盘时刻 ←

1

达·芬奇说过一句很诡异的俏皮话:"无生命的骨头的迅速运动掌握着使它运动的人的命运——掷骰子。"

这句话的信息量极大,也验证了这位天才的智商。他精辟地点出了随机性对人的命运的无情掌控。

人们害怕随机性,但又追求随机性。例如,爱情的小惊喜,挑战的大刺激,等等。

2

2019年6月,韩国围棋高手崔哲瀚宣布进军德州扑克界。为什么?围棋的随机性太弱了,只有极少数人能够攀登顶峰,而这个游戏又只奖励冠军。有些棋手一辈子就是差那么一点点,就什么也不是。

但是德州扑克呢?几乎每年都有新的冠军产生。

所以我们要感谢随机性。世事难料令人苦恼,但也因此给更多的人希望。

3

一个被扔起来的骰子,能够被计算吗?

根据牛顿力学,只要一个运动的物体有精确的初始数值,一切都可以计算,这就是决定论。尽管时髦的概念经常会来踩一下决定论(还有还原论、因果论等),但我还是赞成先有牛顿,后有爱因斯坦。这年头有太多骗子一上来就用量子糊弄人。

4

假如拉普拉斯妖真的存在,即宇宙中的万物都是可以计算的,那么这带给人类的最大苦恼是,我们循环逆推下去,会发现因为人也是由物质构成的,所以假如有一个无所不能的神像观察骰子般观察一个人,只要他的数据足够充分,那么一个人的命运完全可以被计算出来。如此一来,人的自由意志还有容身之地吗?

5

随机性到底由什么产生?

第一种随机是"无知的随机",这种随机性只是因为我们掌握的信息不够多,比如抛硬币,看似随机,但理论上我们可以制造一台精确的抛硬币机控制硬币的翻转。早年香港电影里的赌神,经常有类似的绝技(当然是假的)。

第二种随机是"蝴蝶效应",就像我们上面说的扔骰子,其实很难测量,因为初始值的一点儿振动,就会带来难以计算的变化。所以,我们可以视其为随机。

第三种随机是量子力学微观上的随机,比如双缝实验,电子穿过狭缝后落在屏幕的哪个位置完全无法预测,而落在哪一处的概率却可以计算得非常精确。

物理学家对这一类随机性表现出惊人的大胆和乐观,尽管爱因斯坦一直对量子理论缺乏"因果性"耿耿于怀,科学家也没有更深一层的机制来解释,但是管它呢,只要有相对精确的公式可以解释现象就好了。

第四种随机是社会和金融领域的巨大不确定性,聪明的家伙们在布朗运动中找到了和金融领域类似的"没规律的规律",利用随机性疯狂赚钱。

你不应该为"意外"而感到意外,你应该为所谓"现实"给我们这样一个"安稳"的幻觉而感到意外。

6

人生充满了随机性。想要真正洞察这一点,我们需要了解数学、进化论、哲学、商业、物理等知识。纳西姆·塔勒布在《随机漫步的傻瓜》一书中说:"你的成功不见得是因为比其他人高明,而很可能是运气的结果。"

他还说"拥有私人飞机的企业家不如牙医富有"。总之,假如你不了解随机性,被命运嘲弄的概率会很大。

7

我们是否会因为随机性而陷入虚无主义,从此相信人的命运是注定的?

的确,因为随机性,我们所认识的现实,并不是人或环境的直接反映,而是被不可预见或不断变化的外部力量随机化后的模糊影像。

这并非说，能力无关紧要——能力正是增加成功概率的因素之一——但行动与结果之间的联系，可能并非如我们乐于相信的那么直接。

因此，理解过去不容易，预测将来同样不容易。在这两种情况下，如果能超越肤浅的解释去观察问题，我们将受益匪浅。

8

长期来看，好的决策一定会带来投资收益。然而在短期内，当好的决策无法带来投资收益的时候，我们必须忍耐。

橡树资本的霍华德·马克斯在《投资最重要的事》一书的中文版序言里写道：

> 接受是我的重要主旨之一：接受周期与变化的必然性，接受事物的随机性，从而接受未来的不可预知性与不可控性。接受能够带来平静，在其他投资者失去冷静的时候，这是一笔伟大的财富。

只有这样，我们才能和命运平起平坐。

9

作为情感动物，人类可以体验随机性带来的情感波动和神秘主义，但是我们必须懂得，不必为随机性赋予太多黑箱式的解释。

此外，为了探索未知世界，我们有时宁可有些笨拙的决定论，不惧探索因果，虽然还原主义有时候显得很蠢，但好过假大空的装神弄鬼、捣糨糊。

这才是与随机性共舞的正确姿势。

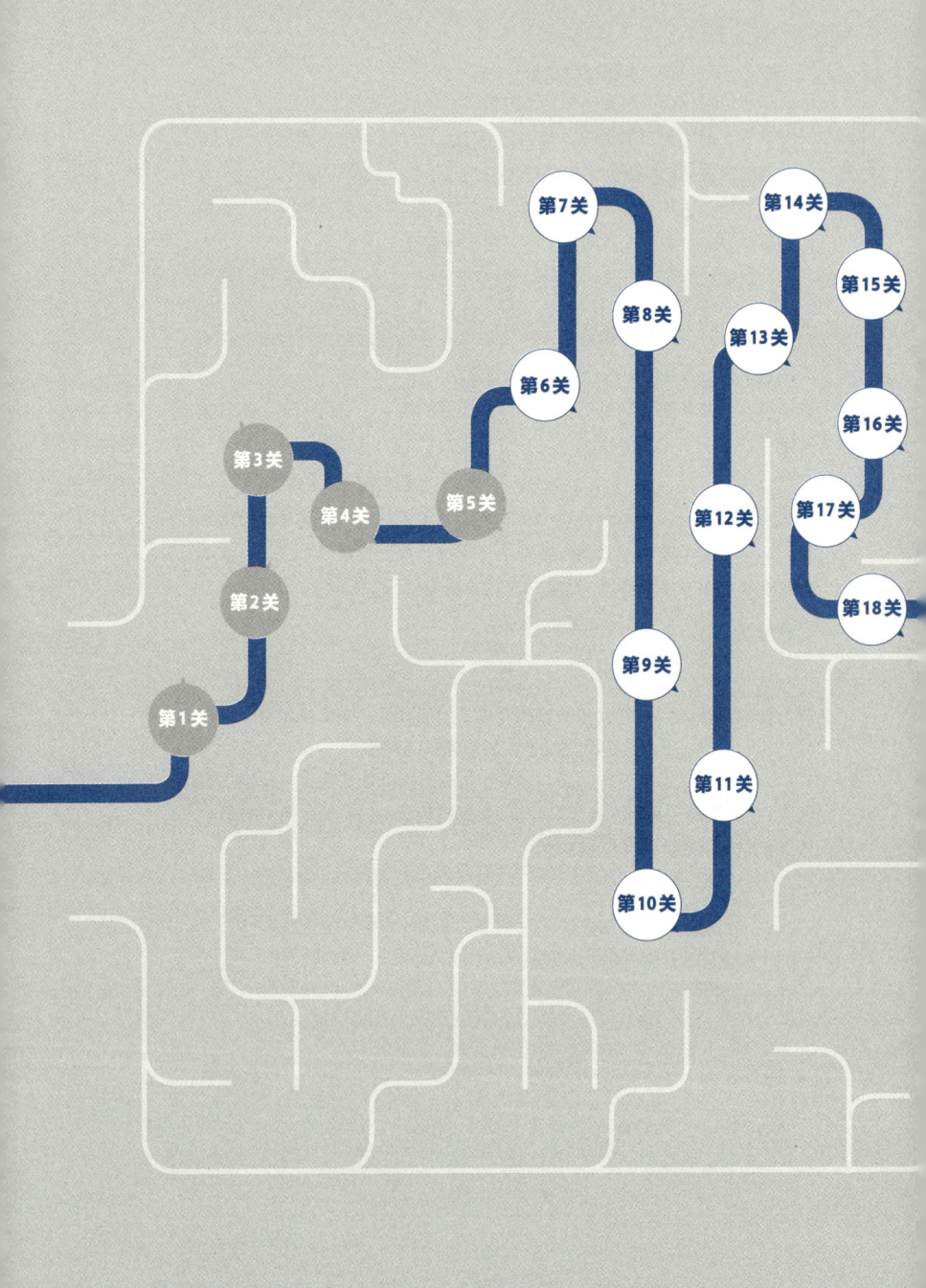

第1关
第2关
第3关
第4关
第5关
第6关
第7关
第8关
第9关
第10关
第11关
第12关
第13关
第14关
第15关
第16关
第17关
第18关

第 5 关 宿命
用概率思维提高你的胜算

概率有很多面孔,例如,频率、物理设计和可信度。

现实世界中的概率应用,也是动态的、多层次的。以投资的概率游戏为例,索罗斯说:"判断对错并不重要,重要的是在正确时获取了多大利润,在错误时亏损了多少。"

现实就是如此,我们以有限的视野,在有限的空间,凭借有限的信息,用有限的筹码,不得不做出概率选择。

我们只有在不确定的张力中,才能存在,就像我们只有在时间的流淌中,才能拥有时间。

如果说侥幸事关那些未必会发生的事,那宿命指的就是那些注定会发生的事,生老病死,莫不如此。面对宿命这道人生难题,该如何应对?我认为,学习概率思维,积极思考,乐观行动,就是一套应对机制。在某种意义上,我们能够改变的就是"宿命的概率"。

什么是概率思维

让我们先来做一道和概率思维有关的选择题。假设你现在正筹备自己的婚礼,经过精心挑选,现在有两个场地供你选择:一是豪华酒店,那里设施齐全,经验丰富,场面气派,就是有点儿传统,没什么特色;二是公园的湖畔,那里专门举办西式的户外婚礼,百花争艳,绿草如茵,波光粼粼,还有无人机在上空拍摄,现场特别动人。

这时,你的亲友团分成两派:一派赞成在酒店办婚礼,既稳妥又大方;另一派赞成在公园办户外婚礼,既浪漫又有新意。其实你心里偏向在户外办，因为你身边从来没人办过这么有创意的婚礼，一想到那个画面，你就激动不已。但户外婚礼有一个不确定因素，即那天要是下雨，婚礼就泡汤了。这个问题让你左右为难，你该如何选择呢？这时，你需要运用概率思维分析利弊。

先分别给两个婚礼场地打分：给酒店打 80 分，给湖畔打 100 分。之后，我们来评估下雨的概率。根据经验，这个季节下雨的概率大约是 25%。酒店不会受影响，下不下雨期望值都是 80 分。户外婚礼遇到下雨，那就要打零分了。

接下来，我们采用简单的函数计算。75% 的可能性不下雨，对应的期望值是 100 × 75% = 75。25% 的可能性会下雨，对应的期望值是 0 × 25% = 0。二者加起来，户外婚礼在可能下雨的情况下的得分是 75 分。

尽管户外婚礼非常有吸引力，但是根据计算，酒店婚礼的期望值高于户外婚礼的期望值，所以，你还是应该选择在酒店举办婚礼。

（请忽略这个案例中结婚是一个低频或者单次事件的漏洞。）

这就是概率思维。

概率思维其实很简单

你可能会说："这也太简单了，连小学一年级的孩子都会算。"诚然，概率就是这么神奇的东西，巴菲特赚钱的公式也是简单的概率计算公式。他说："用亏损的概率乘以可能亏损的金额，再用赢利的概率乘以可能赢利的金额，最后用赢利的结果减去亏损的结果。这就是我们一直试图做的方法。这种算法并不完美,但事情就这么简单。"没错,华尔街的聪明人每天算的就是这个。会不会用概率思维,实际上就是高手的思维方式和普通人的思维方式的区别。

概率思维里很重要的一点,就是量化不确定因素。有人可能会问:"那些概率数字也是估算出来的,为什么可以提高确定性呢?"这一点我们在量化思维里也讲过,使用概率也是同样的情况,它并不要求完全消除不确定性,正如美国漫画家詹姆斯·瑟伯所说:"也许一丁点儿的概率就能比得上一大堆。"能用上概率思维,你就更能看清现实。在日常生活中,我们既不需要精准的数字,也不需要懂得很复杂的概率计算公式,只要掌握概率思维就够用了。

概率思维解释起来并不难,但真正要将其想明白也不容易。我见过不少很聪明的朋友怎么也想不明白概率思维。他们会觉得,一件事如果发生在他们身上,那就是100%。如果没发生,那就是0。弄一个百分之几十的概率出来,没有任何意义。

事实上,我们采用概率思维的目的,就是要量化100%和0之间那些不确定的命题。我举一个很简单的例子:有两个罐子,都装有一定数量的红球和黑球。假如摸到红球,你可以中10万元大奖。你看,按照那些认为概率没用的朋友的观点,结果要么是摸到红球,要么是摸到黑球,所以选哪个罐子差别都不大。

但是,现在我们拆开罐子来看一看,A罐装了1个红球,9个黑球;B罐装了5个红球,5个黑球。我想所有人都会选择B罐,因为在A罐摸到红球的概率是10%,在B罐摸到红球的概率是50%。

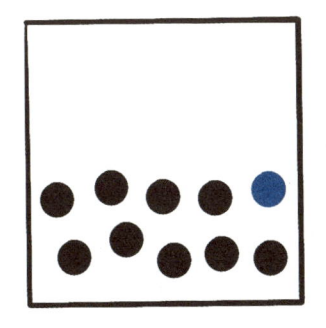

这道题很简单,但我想借此说明,概率思维是用来衡量机会的。学会了概率思维,就能提升把握机会的准确性。研究者也已证明,以概率计算为基础的分析框架远远胜过人的直觉,甚至专家在他的专业领域的直觉也比不上一个简单的概率计算。比如,斯坦福大学的一位教授设计出一个评测红酒质量的公式。这个公式的参数包括葡萄生长期的平均温度、冬季的降雨量等。最后公式算出来的结果,比那些红酒专家的预测都更准。

如果你掌握了概率思维,就能提升自己应对不确定性问题的判断力,调整自己的认知系统,形成强大的人生算法。

谷歌创始人用概率思维对抗疾病

让我们来看一个用概率改变命运的精彩故事。2006年,谷歌创始人谢尔盖·布林测出自己有LRRK2基因突变。这意味着他患帕金森症的可能性高达50%。面对这个坏消息,布林的做法简直可以列入概率思维教材的经典案例:

第一，对外公开此事。

第二，捐助超过 5 000 万美元用于针对帕金森症的研究项目。

第三，利用大数据探寻预防和治疗这一疾病的信息和方法。

第四，有研究证明提高心率能降低患此病的风险，所以他参加了跳水运动，因为跳水短暂而激烈，可以马上提高心率。

第五，有研究证明，喝咖啡和绿茶能降低患此病的概率，于是他开始坚持喝。

布林是这样算账的：饮食和运动使患病概率降低一半，这样就从 50% 降到 25%；推动神经科学发展，可以把风险再降低一半，这样就只有 13% 左右了；针对帕金森症的研究增多，进而把风险降至 10% 以下。

布林这么既花钱又费力折腾，能确保自己彻底不患帕金森症吗？会不会他什么措施都不用采取，其实也不会患病？诚然，用概率思维并不能完全防止布林患病，但他可以把这件事从大概率事件变为小概率事件，把可能性尽可能降到最低。

不管结果如何，布林的思考和行动，都体现出了在我们当今这个不确定的世界里，一个高手应该具备的概率思维。运用概率思维，在不确定因素面前积极思考，乐观行动，这不就是我们常常希望的，把命运握在自己的手上吗？更确切地说，我们能改变的，只有命运的概率。

你要勇于改变自己的人生概率

对于我们每个人来说，该怎么把概率思维应用到自己的人生中呢？除了用概率来理解具体事件之外,其实还有人生概率这个问题。我们的思考模式和行为方式,其实就是我们的人生概率。打个比方,把自己想象成一粒骰子,扔出数字"1"就中奖了。根据概率,中奖概率是1/6。拼命扔骰子有用吗?天天琢磨扔骰子的手势有用吗?没用,因为六面骰子的先天结构和随机的游戏规则已经决定了你的中奖概率。

在这种情况下,若要改变中奖概率,你只能改变自身的"结构"。假如你变成了一粒金字塔形状的骰子,只有四个面,所以你扔出数字"1"的中奖概率,就提高到了1/4。你如果把自己变成硬币,其中一面是数字"1",那么你中奖的概率就变成了1/2。

关于改变自己的人生概率,我想和你分享一个特别触动我的传奇故事。这是关于高尔夫球手老虎伍兹改变自己挥杆姿势的故事。

一个顶尖球手,早就形成了自己的挥杆姿势,有些人一辈子都不会变。但是伍兹不这么想,在他赢得多次大满贯冠军之后,仍然主动改变挥杆姿势。做出这个选择可谓相当艰难,为什么?因为球手在这个过程中,必须冒着成绩下滑的风险,和原来的旧习惯抗衡。在人们质疑他的改变时,他说自己是"先退后进,然后大步前进"。

这就是改变自身概率的精彩案例。假如你永远按照以前的姿势挥杆,就像持续扔一个结构没有变化的骰子,很难有大的突破。而老虎伍兹在已经非常成功的基础上,依然勇于改变自身概率,调整挥杆姿势,从底层重新构建自己的击球优势。就像我们刚才说的,他从系统层面上把自己变成了一粒中奖概率更高的骰子。

这种改变往往是痛苦的,但更是脱胎换骨的。正因为伍兹有这般勇气,他在经历了多次手术,遭遇一系列人生低谷后,还能在43岁时奇迹般地获得美国大师赛冠军,这被称为"历史上最伟大的回归"。

英国经济学者沃尔特·白芝浩说:"生活是概率的大学校。在这个学校里,我们每个人不应该甘心当一个被扔来扔去的骰子,而是要努力探寻人生的概率。哪怕现实世界充满了迷雾,我们没有足够的数据和能力来明确执行,我们也要学会用概率思维勇敢地往前探索。"

当我们运用概率思维,评估关键变量,量化生活的不确定性,形成自己的人生算法时,就有可能一步步逼近这个世界的真相。

→ 复盘时刻 ←

1

据推测，翻车鱼从一枚受精卵发育成成鱼的概率只有百万分之一。那该怎么办呢？秘密武器是"用数量来实现概率的遍历性"。一条中等体型的翻车鱼一次能产下三亿个卵，是脊椎动物中产卵数量最多的。这种长相奇怪的鱼，用这种方式顽强地繁衍了下来。从生命到宇宙万物，假如真有造物主，他主宰的工具就是概率。

2

概率，在我看来是对一个人最有价值的数学知识，然而我们并没有认真学过这门课程。为什么呢？第一，懂概率计算，未必具有概率思维；第二，理解概率思维，又未必能够采取概率行动。人们不愿意计算，尤其不愿意计算概率。更多时候，人们喜欢采用启发式思考，用深藏在记忆中的、被我们编织起来的故事取代更精确的概率判断。

3

在现实中，绝大多数人，要么黑白分明，非此即彼，要么就是阴阳混沌，捣糨糊，现实是有灰度的，概率就是用来精确描述和运用这种灰度的。蔡崇信说过："任何机会，基本上当有30%的把握的时候去做，才能大赢，因为概率太小很可能亏本；有50%的把握的时候，即便赢了，基本也是小赢；有80%的把握的时候，基本就是红海了；如果等到100%有把握了……世界上可能根本没有这种生意。"

即使极度厌恶不确定性的巴菲特，其价值投资也会出错，只是长期而言赚钱的概率更高。认识了概率，在行动上就不会过度追求完美。我们往往需要在信息不完整的前提下做决策。

4

投资和人生，都是对不确定性的处理。我们要为犯错做好准备，也要适当冒险,这是一种或然性思维。人们总是容易高估自己与众不同,也会经常幻想"这次真的不一样"。然而很多事情真的很难摆脱概率。例如,你要出版一本书,先别想自己能不能做成这件事,以及计划多长时间做完,先去问一下做出版的朋友,这件事以前的成功率是多少(卡尼曼讲过类似的故事)。

5

这个世界从物质的角度看,也受概率支配。量子世界的本质是概率性的。牛顿力学的严格因果关系在量子世界并不存在。费曼说,这虽然有点儿让人沮丧,但物理学并没有因此垮台。

6

概率从何而来?想要回答这个问题,我们要追溯至数学、物理和哲学。这三者,探索的都是世界的本源问题。很遗憾,我们的教育没有通识这一块。所以,想要真正理解概率,对于成年人而言极其艰难。

7

我们需要按照概率行事。要想改变世界,首先要改变自身的概率结构。人生的绝大多数时候,量变不会产生质变,你会被大数定律牢牢地锁死在概率劣势(或优势)中。就像爱因斯坦对"愚蠢"的定义:重复做一件傻事儿,却指望得到不同的结果。行事方式(你的概率结构),比聪明与否和经验更重要。

段永平在谈及"怎么保证选对人"这个问题时说:"没有绝对的办法来保证,但如果选人时先看合适性(价值观匹配)会比只看合格性(做事情的能力)要好得多,选中合适的人的概率也要大得多。"

看,概率无处不在。

8

荷兰哲学家巴鲁赫·斯宾诺莎说:"幸福并不是美德带来的报酬,而是美德本身。"我们遵循概率,未必一定会有好的结果。因为命运会用恶作剧捉弄概率,但这并不影响我们由此获得的从容和幸福。

此外,为了让自己不被偶然戏弄,我们要努力从赌徒模式升级为赌场模式，让大数定律为自己服务。

9

诺奖得主默里·盖尔曼说："宇宙的历史并不只是由基本定律决定的，它取决于基本定律和除此之外的一长串巧合或者说概率。基本理论并不包含那些概率，它们是额外的东西，因此它并不是万物理论。实际上，宇宙中围绕我们的大量信息来自这些巧合，而不只是基本定律。现在人们常说，通过检验由低能量到高能量再到更高能量，或者说由小尺度到更小尺度再到更小尺度的现象来逐步向基本定律靠近就像剥洋葱。我们这么不断继续下去，建更高能的加速器来找寻基本粒子，这样就能够逐步深入粒子的结构，沿着这条路，我们就可以逐渐接近基本定律。"

10

人生赢家都是概率赢家。他们要么是走了超级狗屎运，要么是洞悉了巧合背后的基本定律。大部分人屈服于命运，少部分人与命运抗争（作为他们命运的一部分），极少数人试图发现命运的把戏。总之，概率思维，已经成为人们在当今社会上行走必备的基本能力。

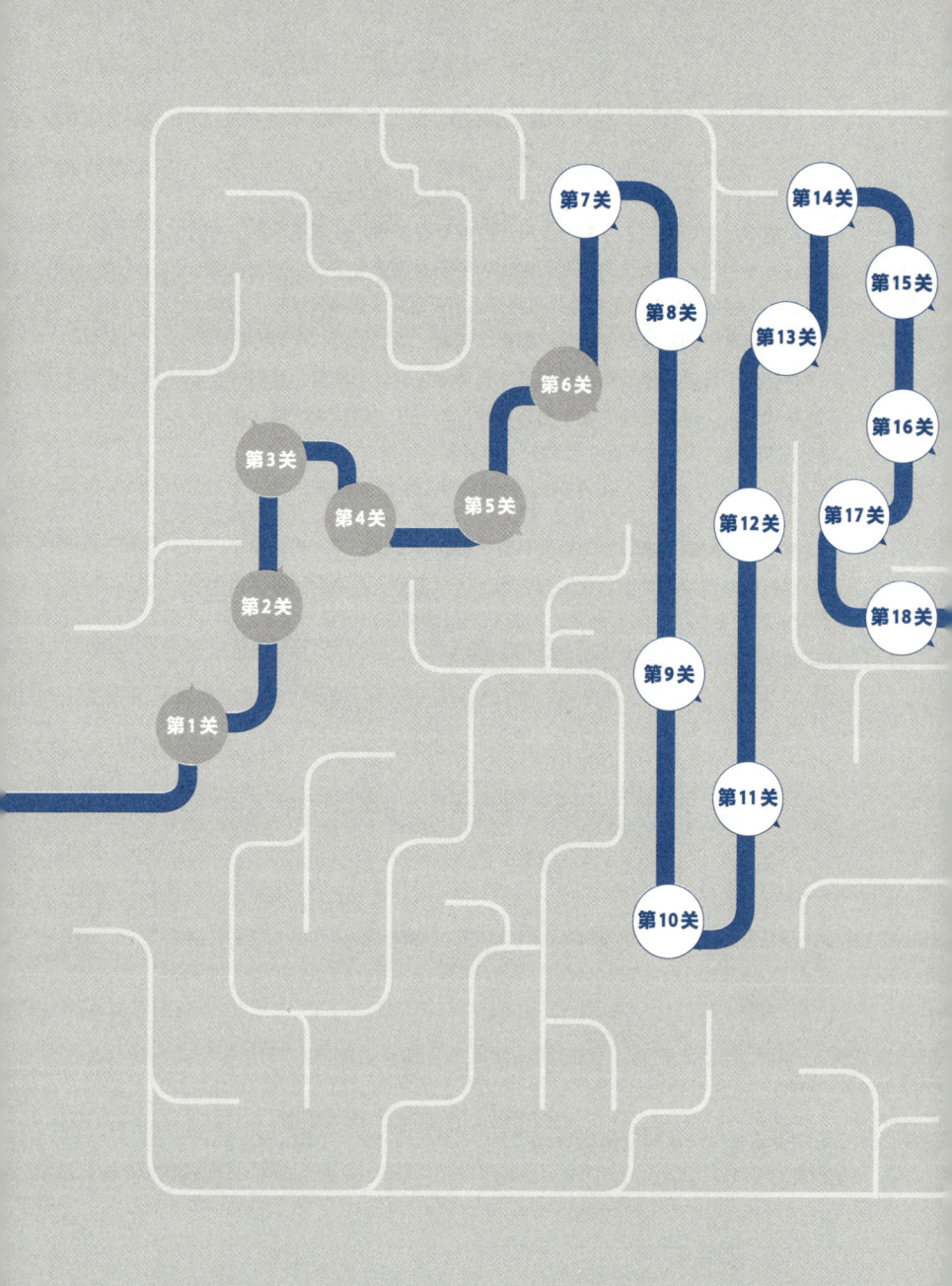

第1关
第2关
第3关
第4关
第5关
第6关
第7关
第8关
第9关
第10关
第11关
第12关
第13关
第14关
第15关
第16关
第17关
第18关

第6关 追悔
回到过去能改变命运吗

传奇的大奖章基金创始人詹姆斯·西蒙斯在揭示自己创造投资奇迹的秘密时，也直指统计学。

统计学与概率论联系紧密，并常以后者为理论基础。简单来讲，两者的不同点在于概率论从总体中推导出样本的概率，统计学则正好相反——从小的样本中得出大的总体信息。

人的一生的确是一个人的无数时间碎片和事件碎片的统计学结果。

我们在上一章提到可以用概率改变宿命，这是在积极地面向未来。接下来我们要讨论的人生难题是如何面对过去。几乎所有的人都有后悔的事情，但我们真的应该追悔过去吗？

我们能改变命运吗

任何时候都有人感慨："现在的日子真难过，以前的机会多好啊。我要是在 20 年前做房地产就好了，在 10 年前做互联网就好了……"如果现在你有一个机会，可以搭乘时光穿梭机回到过去，改变你做过的任意一个决定，你觉得自己的命运会因此而改变吗？我的回答是："不会。"具体原因先得放一放，因为想要深入理解这个问题，我们需要先做一个大脑实验。

按照统计规律，一个欧洲城市每年大约发生 100 起凶杀案。如果我们可以搭乘时光穿梭机回到过去，提前找到这 100 个嫌犯，把他们关起来，就能把这座城市的凶杀率降到零吗？

听上去很美好，但真正的结果或许很难如愿。因为就算你提前抓住了这100个嫌犯，仍然会有其他人犯罪。近代统计学之父凯特勒一语道破了其中的原因。他在1836年写的一封信中提及：

> 是社会制造了罪恶，有罪的人仅仅是执行罪恶的工具。从某种意义上说，绞刑架上的牺牲者是社会的赎罪牺牲品。

这句话听起来哲学意味很浓，但它指明了一个真相，犯罪是一个社会系统的现象，是一个系统的产物。改变个体的选择，并不能让犯罪在社会上消失。这样的话，对于这座城市的犯罪行为是不是只能放任不管了？我认为还是有办法的，但你要做的，不是控制一两个犯罪者，而是探究问题的本质——为什么这座城市会发生凶杀案，并据此找到改变"社会系统"的方法。

我们知道，犯罪率和一个地方的民众的受教育程度、社会经济发展水平等有关。换句话说，它是由包括教育程度、经济水平等因素在内的社会系统决定的。改变单一因素并不会对凶杀率的升降产生影响。结合上述数据，可以看到这座欧洲城市每年发生凶杀案的数量都落在100起左右。年与年之间的数据，并没有因为消灭了更多的文盲，抑或提升了当年的经济发展水平而出现较大的差异。

不仅仅是犯罪率数据，其他数据也呈现出这种规律。2017年，美国因车祸死亡的人数是37 133。2016年，这个数字是37 461。两者如此接近，就好像死神也有年度KPI（关键绩效指标）一样。事实上，一片森林出现火灾的次数、一个国家新生婴儿的数量、一个地区晴朗的天数等，这些重复发生的事件，它们出现的次数都会在一个稳定的区间内波动。改变任何单一选择，例如，事先抓住罪犯，及时扑灭森林大火，都难以影响最终的结果，因为冥冥中有大数定律在决定一切。

大数定律描述了随机事件多次重复发生，它的结果所呈现的长期稳定性。比如，发生车祸是一起随机事件，但一个城市每年的车祸数量就表现出相对稳定的结果。大数定律的重要性在于，它让我们意识到当一些随机事件重复发生的时候，从整体来看，它还是会呈现长期的稳定性，也就是偶然之中包含必然。

大数定律是怎么起作用的

我们可以通过抛硬币这个经典实验来看看大数定律是怎么起作用的。试问，当一枚硬币连续出现20次正面后，在没有作弊的情况下，下一次出现反面的概率会不会变大？很多老赌徒会认为，连续出现了这么多次正面，总该来一次反面了，所以选择押反面，这是典型的"赌徒谬误"。新赌徒会迷信"热手效应"，认为自己押正面的手气很旺，所以选择押正面。

事实上，硬币并没有记忆。下一次出现正面或者反面的概率仍然各是50%，之前的结果跟下一个结果没有任何关系。如果你是扔硬币的那个人，可能会疑惑，都连续抛出20个正面了，还能相信出现正面的概率只有50%吗？之所以会有这样的疑问，是因为你尝试的次数还不够。

1939年,南非数学家克里奇冒失地跑到欧洲,结果在丹麦被逮捕,被关进了集中营。百无聊赖的克里奇给自己找到了一个乐子:他把一枚硬币抛了一万次,记录了正面朝上的次数。统计结果如下图所示。

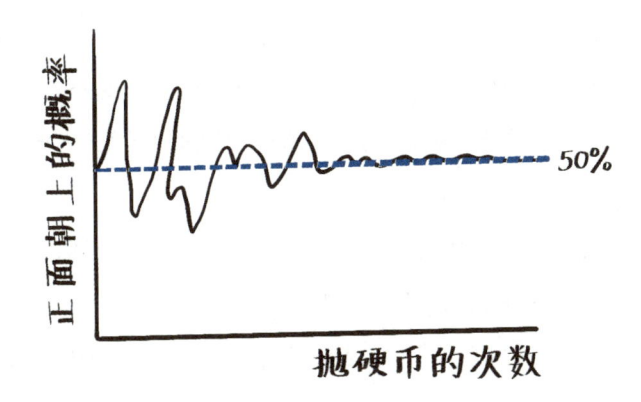

从这张图里,我们可以看到,一开始正面朝上的概率大于50%,意味着很多次都是正面朝上。但随着投硬币的次量越来越多,正面朝上的概率明显趋向50%。

其实,用计算机模拟也会出现同样的情况:

抛10枚硬币,正面朝上的比例范围是30%~90%。

抛100枚硬币,比例范围就缩小了,变为40%~60%。

抛1 000枚硬币,比例范围就缩小到46.2%~53.7%,越来越接近50%。

看似有一种神秘的力量在让结果不断逼近50%。实际上,这股力量就是大数对小数的稀释作用。

所以,我们在人生中犯一两个错误的时候,不要纠结,不要总想着修正它，你应该继续做正确的事。换句话说，就是用更多正确的大数把一两个错误的小数稀释掉。

在生活中，我们很难像被关在监狱里的数学家一样，通过抛一万次硬币来验证一件事。但当你真正理解了大数定律，当遇到这类问题的时候，就能做出更正确的决策。

现在我们可以回答本章开头提出的问题了：如果现在你有一个机会，可以搭乘时光穿梭机回到过去，改变你做过的任意一个决定，你觉得自己的命运会因此而改变吗？

我们往往把人生的问题归结为嫁错了人、选错了专业、进错了公司，但改变这些选择，能改变你的人生吗？

"人生的关键就那么几步，选错了就选错了。"真实的情况是，就算你改变了关键选择，你的人生也不会因此得到改变。

先说买股票，就算给你修改关键选择的机会，让你可以在最低价的时候全仓买入茅台的股票，你觉得你会发财吗？并不会，因为你还是会在下一次危机中增加杠杆，赔得倾家荡产。

再来说买彩票，就算你抄下中奖号码回到过去买彩票，你的生活会在获奖后发生本质变化吗？或者换个问法：那些中大奖的人，后来就会一生幸福吗？根据统计，美国许多彩票中奖者后来生活得都不怎么样，一次意外横财并不会让一个人的生活更美好。

理解了大数定律，你就能理解为什么穿越不能改变命运。那么，命运由什么决定？回到抛硬币的例子，一枚硬币即使连续20次出现正面，但是如果连续抛很多次，正面出现的概率还是50%。我们可以这样理解：硬币的命运是由它自身的结构决定的。同理，由于一个国家的车祸死亡率是统计学的结果，这也意味着你所看到的这个数字是由车辆、道路、交通规则、驾驶习惯等整个系统决定的。单次交通事故非常偶然，无法预计，但是统计数据却非常稳定。

正如英国推理小说作家切斯特顿所言："宇宙，与其说是由逻辑，不如说是由统计的概率来支配的。当样本量足够大的时候，大数定律就开始发挥作用。"

当我们以一生为期限，复盘命运的时候，我们的命运就无法取决于一两次选择，因为它取决于我们自身的系统。这样看来，"性格决定命运"这句话，应该修正为"性格决定行为方式，行为方式决定命运"。你的行为方式就是那个决定你命运的系统。

如何真正改变自己的命运

如果你对现在的生活不满意，是不是就完全无法改变了呢？好消息是，你可以调整自身的行为方式，调整自己的系统来改变生活。更大的好消息是，用不着时光穿梭机，你现在就可以做。知小错就改，比穿梭回去改某个大错更有意义。

你还可以向大数定律的最大赢家进一步学习，这位赢家就是赌场。以澳门赌场的美式轮盘为例，赌场的概率优势只有2.7%，看起来很低，但是凭借大数定律的魔力，还是能够形成对赌客的概率压制。

因此，改变系统并不用你去改变人生中做过的每件事、每个选择，只需要你把人生系统的指针向正确的方向拨一点。别小看这一点点偏差，因为它会引领我们走向完全不一样的人生轨道。这就像软件开源运动的提倡者埃里克·雷蒙在《大教堂与集市》一书中给出的经验："如果你有正确的态度，有趣的事情自然会找到你。"坚持做正确的事情，比穿越到10年前，中一个彩票头奖更能带给你幸福的一生。

结合大数定律，从短期来看，我们的生命充满了偶然；从长期来看，它却会呈现某种必然。最好的人生大奖不是中彩票，而是调整你的人生系统，把小概率的偶然优势变成大概率出现的结果。

→ 复盘时刻 ←

1

假如你从数学层面懂得了某个"鸡汤理论",那么这个"鸡汤理论"就不仅仅是"鸡汤"了。我会在本章用大数定律解释为什么一个人即使可以穿越时空,也不会让自己过得更加幸福。

2

大数定律说起来似乎很简单,其实能理解的人并不多。例如,本章特别提及了"稀释"的概念,相信会揭开很多人心中的某个谜团。当然,思考过这个谜团的人估计也不多。

3

消极的后悔＝习得性无助。这种后悔,就像赌场故意为赌徒制造的幻觉,看似距离大奖一步之遥,其实差得很远。后悔会从生理层面破坏一个人的大脑,就像毒瘾一样。

4

严谨起见,我们把"积极的后悔"称为复盘。复盘的关键是分清运气和错误。此外,尤其不要犯"小样本偏差",即以一两次的结果下结论。

5

本章提及的"稀释"真的特别有用。遇事儿别懊恼,想办法用增量解决旧问题。有很多事,当时觉得太大了,回头看看,早就不是事儿了。围棋里有一种策略,叫"脱先",意思是某个局部不好走,先放下,走别处。然而,很多人一辈子都被困在某个局部。

6

既然说不后悔,为什么贝佐斯要说"最小化后悔"呢?他指的并非让现在后悔最小化,而是让将来后悔最小化。人是一种基于想象的动物,为了将来不后悔，现在小小的后悔也好像变成了一种策略，一个自己才知道的秘密。

7

后悔会强调依恋。不管未来是变好还是变坏，是涨还是跌，后悔都会摧毁你。比如你后悔没买房，2 000 元 /m^2 的时候，你没买；5 000 元 /m^2，你更下不去手，结果现在 50 000 元 /m^2 了；比如你没卖股票，每股 20 元时，你没卖；跌到每股 10 元，怎么卖？结果现在跌到每股 5 元了。然而，市场价格是没有记忆的，不会管你的成本。你应该根据当下做决策。爱后悔的人，见人就说"我差点儿就……"，结果更加强化了自己的成本意识，把自己的坑越挖越深，自己也就无法逃脱了。与这类后悔相关的概念有沉没成本、刻舟求剑、锚定效应等。

8

后悔很讨厌，也很难摆脱。是人都会后悔，这其实也是人类的一种天赋。简单来说，面对消极的后悔，我们应该怎么办？

向前看：把过去当作已知条件。

切割法：与往事干杯，与过去的自己告别，只对未来的自己负责。

两个你：你可以和过去的自己喝酒，但只能和未来的自己一起吃早餐。

真复盘：把"要是……就好了"变成"如果……会怎样"。前者是后悔，后者是复盘。

9

人生就像骑自行车，别追求稳定，而要追求平衡。要想平衡，就要向前走。

10

法国思想家蒙田说："如果容许我再过一次人生，我愿意重复我的生活。因为，我从来就不后悔过去，不惧怕将来。而且，你怎么知道现在不是你已经重新来过的一次人生呢？来都来了，有什么可后悔的？"

性格决定行为方式，

行为方式决定命运。

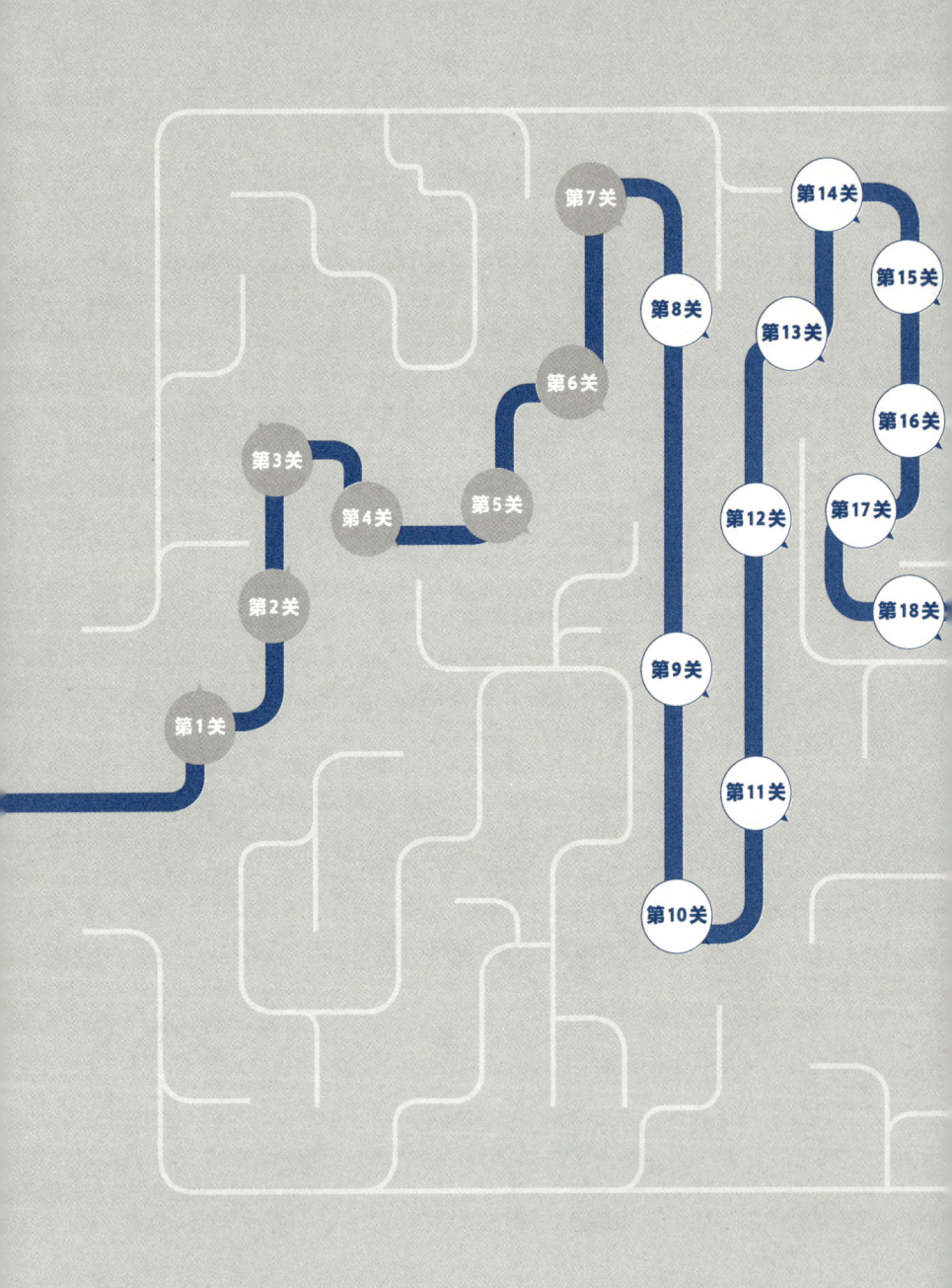

第1关
第2关
第3关
第4关
第5关
第6关
第7关
第8关
第9关
第10关
第11关
第12关
第13关
第14关
第15关
第16关
第17关
第18关

第7关 非理性
如何管住你的"动物精神"

什么是理性？我的定义是反条件反射。

一个比较理想的模型是，一个人用自己的理性构建城墙，然后在城墙内有限地做点儿非理性的事情。反之，在说服他人时，你要学习本杰明·富兰克林的智慧："要诉诸利益，而非诉诸理性。"

理性才是聪明人应该掌握的"元概念"。

战胜非理性是通关挑战的第七站,也是我们在认知环节势必遇到的一道难题。在认识非理性之前,我想先请你做一个实验。假设你现在要买耳机,有以下两种型号可以选择。一号耳机,价格是270元,在购物网站的10分制评分中,这个耳机的得分是6分。二号耳机,价格是540元,在购物网站上的得分是8分。

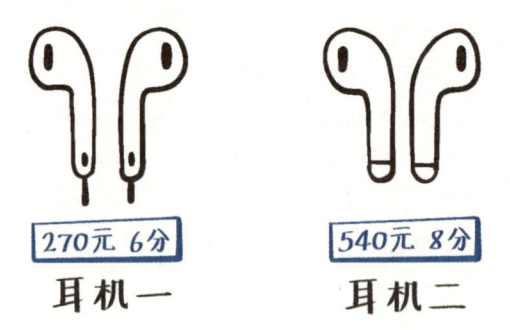

270元 6分
耳机一

540元 8分
耳机二

你会买哪个?

根据实验结果，大部分人选择了一号耳机，因为 6 分和 8 分差别不算太大，但两者的价格差了一倍，人们情愿少花一点钱购买一个还过得去的耳机，只有少部分人愿意花双倍的价钱购买一个更好的耳机。

接下来，让我们稍做改变，再做一个类似的实验，请你从下面三个耳机里选一个。一号耳机，价格是 270 元，在购物网站上的得分是 6 分。二号耳机，价格是 540 元，在购物网站上的得分是 8 分。三号耳机，价格是 840 元，在购物网站上的得分是 7 分。

270元 6分	540元 8分	840元 7分
耳机一	耳机二	耳机三

一号耳机和二号耳机没有任何变化，只是增加了三号耳机。但是仔细一看，这个三号耳机纯属是来捣乱的，定价 840 元，比二号耳机高出 300 元，得分却要比二号耳机低 1 分。谁会选价格贵还不够好用的东西呢？

奇怪的事发生了，因为多了这个捣乱的三号耳机，尽管极少有人选它，但人们对另外两个耳机的选择却发生了翻天覆地的变化——绝大多数人都倾向于选 540 元的二号耳机。为什么一个烟幕弹式的多余选项会影响我们的最终决定呢？

这个实验是由以色列学者阿莫斯·特沃斯基参与设计的。他和丹尼尔·卡尼曼合作研究人类的认知偏差和非理性。很可惜，特沃斯基英年早逝，没能和卡尼曼一起分享诺贝尔经济学奖。特沃斯基想通过这个实验说明一个简单的道理——我们其实很容易被忽悠。

你肯定看过大学教授被电话诈骗的新闻，也耳闻很多聪明人做出了糊涂的选择。一个人不管多聪明、读过多少书、经历过多少事情，为什么还是会被轻易地忽悠呢？

我就经常有这样的感受，不管是自己，还是身边的朋友，之所以会出昏着儿，绝大多数时候不是因为不够聪明、不够用功，而是因为不够理性。

理性与非理性

理性在哲学中指人类能够运用理智的能力。相对于感性的概念，它通常是说人在审慎思考后，以推理的方式推导出合理的结论。

至于非理性，科学家们在大量研究人类的非理性行为后，总结了它的一些特征，像是损失厌恶、赌徒谬误、禀赋效应、归因谬误、鸵鸟效应等。你可能会问："理性人为什么有这么多非理性行为，明知有问题为什么还屡教不改？"

回答有关非理性的问题，就要从大脑的进化小史说起。我们的大脑历经几十万年的进化，较早出现的"原始大脑"只能进行简单的判断和条件反射，晚近的"理性大脑"却形成了强大的计算和认知能力。由于理性大脑的"辈分"小，因此，大多数时候还是原始大脑"引导"着我们，做出未经计算与认知的非理性判断。

心理学家加里·马库斯曾提出两种思维方式，分别对应人脑进化小史中的原始大脑与理性大脑，它们分别是反射思维（reflexive mind）和审慎思维（deliberative mind）。反射思维是快速、自动且基本无意识的，审慎思维是缓慢、刻意和谨慎的。两种思维在大脑内起作用的位置也不同：反射思维源于大脑进化较早的部分，包括小脑、基底神经节和杏仁核；审慎思维则在大脑的前额皮层运行。

你可能会问："既然审慎思维能帮助我们做出理性判断，为什么不让前额叶多干点儿活呢？这样人不就可以变得更理性了？"前文提及，因为前额皮层特别薄，它已经超负荷了。我们每天所做的决策并不全是由前额叶控制的。

除此之外，大脑的进化小史更体现了进化论的一个特征，即"适者生存"，而非"优者生存"。也就是说，一个物种想要存活下来，关键是好过竞争者和祖先，有比较优势就够了，不用追求最优。大脑也是在修修补补中完成的，并没有一开始就按照一台完美思考机器的样式设计。我们必须承认，人类的思维方式先天不足，有局限性，非理性是无法被清除的。

意识到这一点对我们来说很重要。就像你开一辆车，假如你知道这辆车先天有一些缺陷，比如刹车系统不是那么灵，你就不会一门心思地追求速度和豪华的内饰，因为这些没有抓住关键问题。

四种动物非理性

市面上研究非理性的书五花八门，一时难以理出头绪。为方便你理解,我搭建了一个框架,我认为人类的非理性来自四个"动物属性"。之所以用"动物属性",是因为我想到凯恩斯说过"投资者具有'动物精神'"。在他看来,"动物精神"是一种非理性的心理现象,容易受各种环境因素影响,并且具有不稳定的特征。我用"动物"形容人的非理性,不过我讨论得更加广义一些。我提出的四个动物属性,对应着四个关键词:

其一,我们是丛林动物,我们"恐惧"。

其二,我们是社会动物,我们"多情"。

其三,我们是科学动物,我们"无知"。

其四,我们是经济动物,我们"贪婪"。

丛林动物的属性,就是卡尼曼在其著作《思考,快与慢》中提到的无意识的"系统1"。它依赖情感、记忆和经验,并据此迅速做出判断。在丛林时代,这个系统帮助我们的祖先在猛兽面前逃生。但"系统1"很容易上当,在复杂的现代社会,我们因为这套系统做出了不少错误选择。

社会动物的属性,是指我们身处群体之中。我们为了融入群体,容易多情。

科学动物的属性指人是有好奇心的动物,是不断求知的动物。人类在不同时期有不同的认识世界的体系。这个体系总是在被推翻、被质疑,在喧哗中形成新的体系,不断发展。在任何一个阶段,我们都是相对无知的。

最后一个是经济动物的属性。诺贝尔经济学奖获得者理查德·塞勒经过研究发现,人类的理性是有限的,人们在追求经济效应的时候总是贪婪的。正是因为贪婪,人类才能进步,但也因为贪婪,人类时常会陷入非理性的境地。

事实上,塞勒本人就曾利用股票市场的非理性赚钱。他发现了"输者赢者效应",即投资者对过去输者组合(也就是下跌股票)过分悲观,而对过去的赢者组合(也就是上涨股票)过分乐观。人们总是愿意相信过去成绩很好的投资者,没那么相信成绩较差的投资者,这就会导致股价偏离基本价值。一段时间过后,市场自动修正,泡沫会破灭,低估的输者组合也会重新被正视。这个修正的过程就有套利的空间,只要你能发现它。于是塞勒找人一起成立了一只基金,采用反转策略,买进过去3~5年内的输者组合,卖出赢者组合,赚了不少钱。用理性的思考,把握非理性,就能找到获利的空间。

应对非理性的7个策略

理解了动物属性后,一个个对症下药,就能够成为一个理性的人吗?可能还是不行。理性和非理性相互交织,这是由我们大脑的先天结构决定的。用一个不那么恰当的比喻,非理性就好像一个人的眼睛近视了,只不过是大脑"近视"了而非眼睛。眼睛近视需要戴眼镜矫正,你不能说:"我知道我的视力不好,所以我每天练习看东西,使劲看,拼命看。"那没用,你还是应该借助工具。

我给你总结了和非理性战斗的7个策略,为大脑"戴上一副近视眼镜",以便更好地应对非理性。

第一,要勇于承认"我不知道",大脑经常只能处理一小部分信息,别骗自己。

第二，从长期出发，出发点和愿景很重要，长线思考，关注长远目标。

第三，知错就改，不要追逐损失，不要自圆其说，学会止损，让过去成为过去。

第四，多学习，知识 + 实践，独立思考，深入观察事物的本质。

第五，掌握求真、理性的科学精神。

第六，学习多元化的思维模型，实现从多个维度去证伪。

第七，将正确的思维方式内化为一种行为习惯。

→ 复盘时刻 ←

1

理性本身是一个特别不理性的概念。因为这个概念太复杂、太模糊,而且飘忽不定,例如,我们很难找到理性和非理性之间的边界,理性和非理性经常混合在一起携手作战,人类社会在很大程度上依赖群体的非理性。

2

理性更像一种街头智慧,所以在 10 分钟内讲清楚非理性几乎不可能。满大街都是这类书,五花八门,很多时候整本书也说不清楚,讲不完整。非理性清单估计有 100 条,有时人们看这些会看晕。这些概念每条都很精彩,都值得被"知识集邮者"收藏,但它们在现实中却毫无用处。很多读了不少书,看起来很有智慧,经历也不少的人,骨子里其实是非理性的。我总结出四种"动物精神",不是想简化非理性,而是想给出一个收纳箱。这个收纳箱本身很生动有趣。

3

我们呼唤非理性的理性者。我们要对抗的是对人类不利或对自己不利的非理性。即使我们要对抗的非理性,也可能因为主角、动机、情境的不同而有所差异。人类社会的进步取决于非理性的理性者。理性的人让自己适应世界,而非理性的人执着地试图让世界适应自己,所以进步依赖非理性的人。

4

那么到底什么是理性呢?记住凯姆庇斯的话:"理性的第一规范是自然法则。"理性和非理性,也可以作为定语或者状语,和太太辩道理,和父亲争观点,和蠢人辩真理,都属于非理性的理性。又例如,一个人故意借酒撒泼,有可能就是理性的非理性。看起来似乎是非理性的,其实他心中有数。

5

理性是一种科学精神和求真的状态。苏格拉底和柏拉图的基本思想都是从理性引导、有节制的生活出发的。索罗斯说:"理性行为虽然仅仅是理想状况,意料之外的结果随时出现,无法有完美的认识,但是追求知识越完美不仅对结果有益,也符合人的求知欲望。"理性很难定义,所以我们就反过来,研究非理性似乎更靠谱,这有点儿像波普尔的"证伪"。所以,在很多时候,理性必须靠非理性试错,才能实现。

6

人类对理性的追求,也充满了非理性。尽管有越来越多的数学家和物理学家参与经济学研究,但是经济学的主流仍然认为代理人能以理性的方式考虑无穷无尽的未来,优化所谓的效用函数,并认为其他人也会这么做。2003 年,诺贝尔经济学奖得主罗伯特·卢卡斯宣称大萧条的主要问题已经被解决。结果,没过多久,2008 年便发生经济危机。时任欧洲中央银行主席宣布:"我们已有的模型不仅无法预测危机,也无法解释发生的事情。"

尽管本书叫《人生算法》,但我并非所谓的"理性死硬派"。我知道我们不知道的东西太多了。AI 和大数据等技术革命,令人产生了迷之自信。金观涛说:"这是一种科学乌托邦,反映的是一种'理性的自负'。"20 世纪,社会、人文、社会研究最重要的成就,就是发现"默会知识"和市场的关系。人类可共享的知识都是可以用符号表达的知识,但它不可能包含每个人都具有的"默会知识"。哈耶克称这种对可表达知识的迷信为"理性的自负"。今天,随着大数据和人工智能的应用,这种理性的自负再次出现在人工智能领域。

7

理性就是不要绝对确定。罗素认为,不要绝对确定乃是理性中最为关键的一点。亨利·柏格森在 1897 年的《创造进化论》一书中就宣称,所有最能长存且最富成效的哲学体系都是那些源于直觉的体系。卡尔·波普说:"我的观点可以这样表达,每一个科学发现都包含'非理性因素',或柏格森的'创造性直觉'。"

8

群体中不存在理性的人。心理学家古斯塔夫·勒庞的观点是:"在群体之中,绝对不存在理性的人。"他认为,群体能够消灭个人的独立意识和独立思考的能力。事实上,早在他们丧失独立意识之前,他们的思想与感情就已被群体同化。索罗斯的核心思想有两个命题:一是在参与者有思维能力的前提下,参与者对世界的看法永远是局部的和扭曲的,这就是"谬误性";二是这些扭曲的观点可以影响参与者所处的环境,因为错误的看法会导致错误的行为。在经济学领域,不确定性恰恰是人类事务最关键的特性。

9

想发财,最重要的就是理性。我们也许应该给理性加上行业定语,一个理性的医生可能在投资上是一个非理性者,而一个股票高手也可能是一个迷恋养生神话的人。对于投资的理性,芒格给了两个很好的建议:"理性并不是一件你做了就能赚更多的钱的事情,它是一个有约束力的原则。理性确实是一个好理念。你必须避免做那些私下里已成惯例的毫无意义的事情。它需要培育思想体系,以便随着时间的推移提高你的成功率。增强理性不是一件你可以选择做或不做的事情,而是你需要尽可能履行的一项道德义务。伯克希尔-哈撒韦公司的表现良好,并不是因为我们从一开始就聪明过人,其实我们很无知。伯克希尔-哈撒韦公司的任何丰功伟绩都始于愚蠢和失败。"

10

所谓终身成长,本质上是理性的成长。总之,理性需要你走上街头,在"理性搏击俱乐部"的激烈打斗中,才能真正一步步实现成长,并且你永远有被击倒的一天。

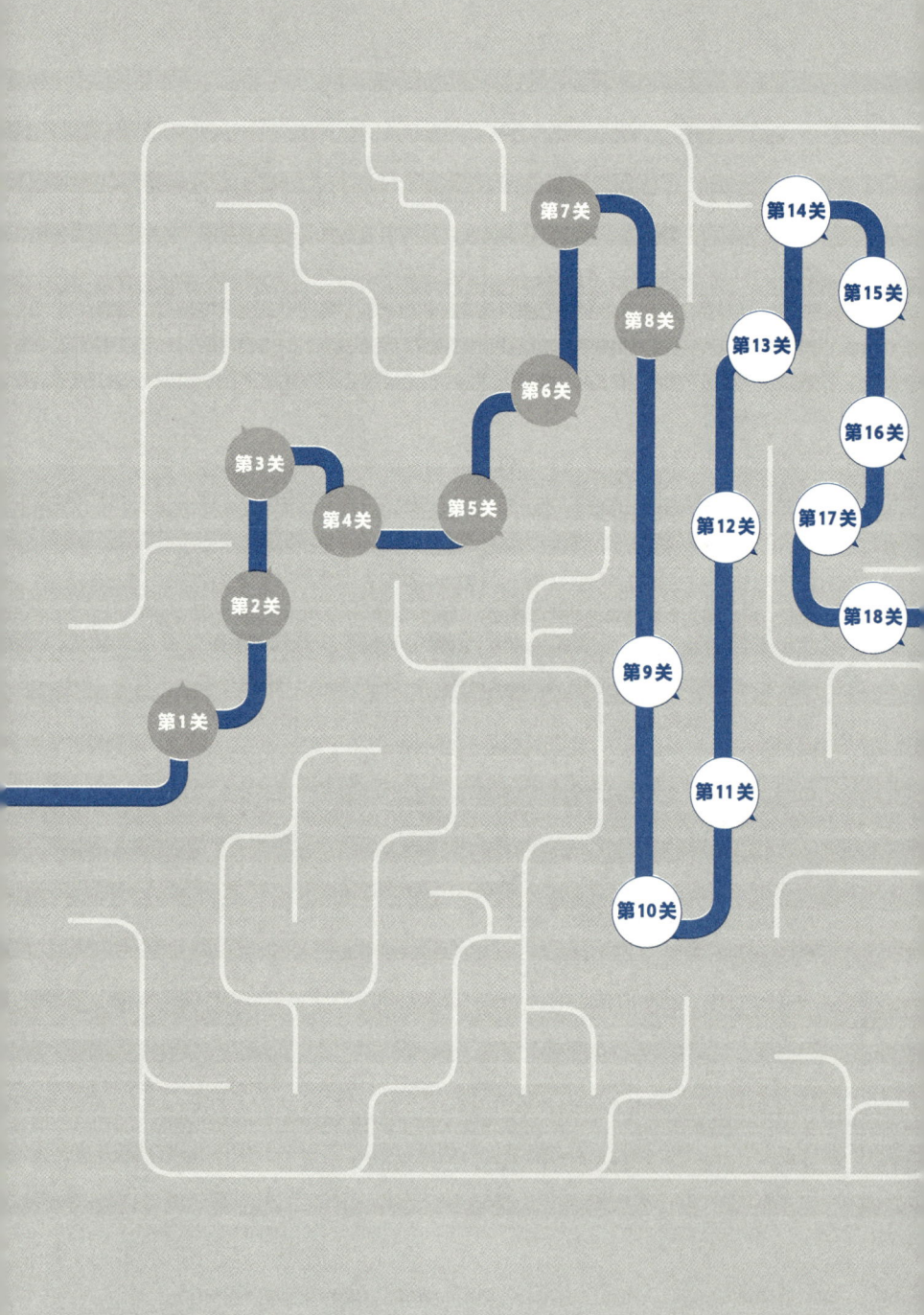

第1关
第2关
第3关
第4关
第5关
第6关
第7关
第8关
第9关
第10关
第11关
第12关
第13关
第14关
第15关
第16关
第17关
第18关

第 8 关

冲动
像阿尔法围棋一样,兼顾直觉和理性

弗洛伊德说:"人是一种受本能愿望支配的低能弱智的生物。"

完美决策 = 直觉 + 经验 + 数据。

那些不需要基本功和苦功夫就能让人修炼出惊人直觉的领域,基本都是玄学。

我们在本章讨论的人生难题，是我们每个人都容易犯的毛病——冲动。事实上，人在做很多决定的时候并没有过脑子，用的是我们常说的直觉思维。我的问题是，不过脑子的直觉思维就一定不如精打细算的理性思维吗？

要得到答案可没那么简单，因为它横跨了心理学、数学、计算机科学、经济学和进化生物学等领域，各路专家一直对此争论不休，其中一位是《纽约客》杂志撰稿人、"畅销书之王"马尔科姆·格拉德威尔。他在《眨眼之间》这本书里研究了直觉思维的过人之处，并提到了以下这个实验。

一群作为实验对象的学生观看了某位老师的三段教学视频，他们需要根据视频对老师的教学质量做出评分。这些视频被抹掉了声音，而且每段视频只有短短10秒，学生们只顾得上看老师上课的肢体语言。仅凭这些有限的信息，学生们还是很快给出了评分。实验者将这些瞬间做出的教学质量评分，与上过这些老师整整一学期课程的学生所做的评分做了比较，发现两者几乎一模一样。实验者之后又把视频剪到5秒，学生们还是给出了相似的答案。

直觉思维的独到之处在于，它能使人在匆匆一瞥里抓取很多信息，而且这是每个人都拥有的能力。它解释了为什么我们会对某人一见钟情，事实上，这一瞬间的感觉可能比你花很长时间做的决策还要准确。

格拉德威尔说："试想你走在街上，猛然发现一辆卡车正飞速逼近你，你有时间把所有选择从头到尾权衡一遍吗？当然没有。人类之所以能够存活至今，就是仰仗这种进化而来的决策工具。"他口中的这个决策工具就是我们的直觉。虽然我们还没有完全搞清楚直觉是怎么起作用的，但事实证明它确实很有用，很多时候甚至比理性思考的结果更有价值。

当然，直觉思维也经常有失手的时候。诺贝尔经济学奖得主丹尼尔·卡尼曼就提出，人常常被"过度自信、注意力有限、认知偏见"等因素影响，不可避免地会产生判断错误。即便一个行业的多位专家，他们对同一件事的判断也会有很大差异。

美国宾夕法尼亚大学心理学教授菲利普·泰特罗克花了20年时间，分析了8万多份专家预测。分析结果令人十分震惊，这些专家表现得很糟糕。如果他们不是靠研究而是靠掷骰子进行预测，表现可能会更好一些。

鉴于直觉思维有明显的优势和劣势，我们在做决策时并不能完全仰赖直觉思维。正因为如此，我认为我们需要把直觉思维和理性思维结合起来，形成强大的算法。至于具体的结合方法，以下三位高手为我们提供了范式。

第8关：冲动——像阿尔法围棋一样，兼顾直觉和理性

卡尼曼：给直觉装上围栏

第一位是上文提到的诺贝尔经济学奖得主丹尼尔·卡尼曼，他在年轻的时候曾面临一项巨大的挑战。1955 年，21 岁的卡尼曼在以色列国防军担任中尉，他被要求给军队设计一个新的面试系统。

军队以前的面试方式就是军官和士兵面对面沟通 15 分钟，由军官判断这个士兵的特点，然后把他安排到相应的岗位上。这种方法非常原始，效果也不太好，大量被错误判断的士兵没办法在岗位上发挥实际能力。

如果说过去的面试是纯粹的直觉判断，卡尼曼给出的新方案则通过一种算法，将理性和直觉结合起来。具体而言，卡尼曼整理了 6 个维度作为评判标准，包括准时性、社会性和尽责性等。面试官需要围绕这 6 个维度，通过交谈给每个士兵打分。事后会采用一套固定的计算方法，考虑各个维度的权重，确定最后的分数，再把士兵安排到合适的岗位上。其实，确定维度也好，根据权重打分也好，都是为了给面试官的直觉安上理性的围栏，让他们在理性的边界内发挥直觉，而不是随意发挥。

军队在实施新的面试系统后发现，新方案评估得非常准确，超过以往任何一个单一维度的计算结果。迄今，以色列军方还在使用这套系统。

在复杂的决策面前，卡尼曼提供的方法兼顾直觉思维和理性思维，产生了截然不同的效果。这就给了我们一个启示：与其泛泛地评判一件事，还不如建立几个关键的评判维度，给不同维度赋予权重、计算结果，这样就能让混沌不清的问题变得清晰起来。事实上，这套简单的算法比专家的直觉更可靠。

我们顺着这个思路往下走，只要维度不断精细，我们的决策也会越来越准确。与此同时，我们面对的问题是时间有限，我们能掌握的信息也是有限的。在这样的情况下，我们应该怎么做决策呢？

吉仁泽：简捷启发式

为了回答这个问题，我要向你介绍第二位解决问题的高手，德国社会心理学家吉仁泽。吉仁泽提出的"简捷启发式"，也是一种兼顾了直觉和理性的算法，能帮你依据有限的信息在短时间内找到解决方案。他曾在书中提过一个发生在加州大学圣迭戈医学中心急诊室的例子，简明扼要地说明了解决方案。

过去，当一个心脏病人被送入急诊室的时候，医生们需要通过年龄、血压等多达19项指标确定病人的危急程度。这就类似上文卡尼曼的思路：为接近真相，我们需要给复杂问题建立多项评判标准。但对于急诊患者来说，漫长的流程可能是一个灾难。特别对于那些情况危急的病人来说，他们可能根本就等不到19个指标全部检查完。如此，决策方法就有了贻误治疗的风险，并且大多数后果是不可挽回的。所以，摆在急诊科医生面前的最大的困难是人员有限、时间紧急，怎么用最快的速度判断病人的危急程度。

加州大学圣迭戈医学中心的布里曼医生和他的同事解决了这个问题。他们设计了一个简单的决策模型，只需三步就能确认一个心脏病患者是不是高危病人，大大缩短了决策时间。他们具体是怎么做的呢？

第一步，如果病人的收缩压低于 91 mmHg（毫米汞柱），就判断他是高危病人，赶紧抢救，不再看其他指标。如果收缩压不低于 91 mmHg，就看第二条线索，也就是年龄。如果患者年龄在 62.5 岁以下，一般不会出现太危急的情况。如果病人的年龄超过 62.5 岁，就要充分重视，判断第三个线索——窦性心动是否过速。如果是，那就将其判定为高危病人，紧急抢救。

一个被送进急诊室的心脏病患者，原先要检查完 19 项指标才能确定他的危急程度，现在只要三条线索就能确定问题，并且只需回答是或否，特别简单，容易程序化。这个方法大大提升了急诊室的运转效率和抢救病人的成功率。

吉仁泽把这类方法总结为"简捷启发式"，就是把复杂的理性推理简化成便捷可执行的决策模型，或者一种行动原则。

传统的认知科学和经济学，致力于研究理性世界，"耀眼的理性之光"让人们关注逻辑和概率。吉仁泽则认为"有限理性让我们更聪明"，因为现实世界的理性是残缺并且杂草丛生的，所以必须在资源有限、时间有限、知识有限、认知有限的情况下，对充满不确定性的未知世界进行判断和决策。

本质上看，吉仁泽其实在卡尼曼的思路上又前进了一步：如果说卡尼曼是把单一问题多维化，"简捷启发式"则是修剪决策树，找出关键问题，利用人的直觉优势，把复杂的问题简单化。

阿尔法围棋：先直觉，再计算

除了上述两者，"职业棋手"为我们提供了另一种解题思路。

我们常常觉得围棋高手的计算能力一定非常强，甚至有"高手心算 50 手"的传说。但荷兰心理学家阿德里安·德格鲁特发现，顶尖棋手的计算能力和相对弱的棋手的计算能力区别并不大。围棋大师吴清源在被人问道"你会目算多少步"的时候，同样认为不用看那么远，也能下出好棋。

吴清源说他走一步棋，其实就是做两件事：第一，找到候选的几手棋；第二，从最有可能性的那一手开始评估，如果不错就走棋，不行就评估下一个。

简而言之，围棋高手的厉害之处在于他们的直觉好，能够快速抓住重点，找到最有可能性的那几手棋，然后通过计算选出最优的一手。高手的这种直觉，正是通过大量理性的训练和实战获得的。把这个思路做到极致的，不是哪个人，而是 AI——阿尔法围棋。要知道，围棋的变化数量比宇宙中所有的原子加起来还多，它和象棋不一样。因此，机器无法仅凭强大的计算能力，用穷举法在围棋赛场打败人类。

阿尔法围棋是如何完成这个逆转的呢？扭转局势的秘密在于阿尔法围棋模仿了人类下围棋的模式。第一步是根据从人类那里学来的下棋直觉选择 5~10 个落子点。第二步则是利用强大的计算能力，分别计算这些落子点的最终胜率，并选择胜率最高的那一手。

也就是说，阿尔法围棋的决策模式是先用直觉思维选定范围，再用理性思维逐个分析。它独特的算法思路把理性思维和直觉思维的效用发挥到了极致。

面对决策这个难题,我们学习了三位高手的解决方案:他们综合了理性思维和直觉思维,让两者形成一套算法,从而大大提升了决策的质量,希望能给你带来启发。

→ 复盘时刻 ←

1

先说两个核心观点：刻意训练直觉是没有意义的，因为直觉是一种不刻意的结果；创造时靠直觉，决策时靠算法。

本章讲的其实是决策。在非常有限的时间内，我分析了直觉、算法、简捷启发式、阿尔法围棋四种决策方法。你在畅销书里看到最多的对直觉的鼓吹，我认为对个体而言意义不大。卡尼曼的算法和吉仁泽的简捷启发式，都是基于决策树的不同风格的应用。阿尔法围棋法处于跨学科的边缘，主角是AI，应用场景也极少，但的确预示着未来。

2

直觉很重要，但直觉其实是一种奢侈品，对于普通人来说尤其如此。科学家和工程师香农的学生罗伯特·加拉格回忆道："他（香农）有一种神奇的洞察力，仿佛能看穿事物本身。他会说'Something like this should be true'，而且往往事后证明他是对的。如果你没有超凡的直觉，你不可能凭空开辟一片全新的领域。"香农对此解释道："我觉得自己更喜欢具象化而不是符号化。我会试图先感受问题本身，然后再谈方程式。"

难道这不就是直觉吗？这就好像是先看到答案，再来解释为什么它是正确的。

香农除了的确很聪明之外，他的基本功也很扎实，醉心于工作，希望像工程师那样能够真正做出东西来，这些才是他的直觉的本质。所以，我们可以将其天才版的直觉理解为直接抓住问题的核心，把细节放在后面考虑。

3

棋风被誉为"宇宙流"的围棋手武宫正树下棋时非常天马行空，但他的基本功非常扎实，否则他的直觉再好也无法成为超一流棋手。没有人可以绕开基本功，即使在艺术领域，毕加索在画别人看不懂的画之前，其基本功也很厉害。对于那些只可意会不可言传的东西，我们可以赞美，但不宜崇拜，更不能将其神化。

这就是我提到的第一个观点——刻意训练直觉是没有意义的，因为直觉是一种"不刻意"的结果。

4

再说第二个观点——创造时靠直觉，决策时靠算法。发明家尼古拉·特斯拉说："我们小时候做事纯粹靠直觉，也就是那种生动而又散漫的想象力之火花。随着年龄的增长，理性呈现出来，我们做事越来越系统化和工于设计。但那些早期的冲动，虽其效用没有立竿见影，但却在我们的人生中占据重要位置，并且可能在很大程度上塑造我们的命运。"

特斯拉说出了发明的秘密：一是直觉和冲动，二是系统化的思考，两者结合起来，才能将天才的设想变成现实的发明。

在现实世界里，创造的工作毕竟是少数，更多时候我们面对的是"实现"和"决策"的问题，将不确定性概率化，形成算法。绝大多数时候，专家是靠不住的，直觉是靠不住的，你我都是靠不住的。

正如卡尼曼发现的，应用数据统计方法得出的结果，经常比专家的预测结果准确得多。

5

吉仁泽的理论整合了决策树和直觉。的确，在现实中做决策，很难容你列一个决策树来算概率，人们都倾向于采用个人风格的"简捷启发式"决策，例如，乔布斯什么都要最好的。我知道有一位妈妈，教出一个考入哈佛的孩子，她的原则就是，无论哪科，都找最好的老师教自己的孩子。

基于"常识"的直觉是值得鼓励的。这类直觉，确切地说，在某种意义上甚至算得上某种"反直觉"。例如，红杉资本创始人唐·瓦伦丁说过，要相信自己的直觉，这能让你避免陷入传统思维或试图取悦他人。

这是直觉，还是常识呢？的确，从常识上来说，你想获得超越市场的收益，从数学的角度来说，必须有别于那个市场，然而许多人宁愿因循规蹈矩而失败。

数学不好的马云，很多时候看起来是靠直觉管理公司的。维珍的理查德·布兰森连毛利与净利都搞不明白。但恰恰因此，两人都特别擅长看到更大的远景，只要雇用其他人来处理需要计算的工作就好了。

模糊的精确好过精确的模糊。这种直觉，本质上是一种大局观。

6

然而，在现实中，我们更多的是夸大了直觉的力量。媒体称，美国对冲基金的创始人正相继隐退。此前取得优异成绩的老牌精英投资者清盘基金的案例越来越多。随着采用人工智能技术的基金崛起，他们难以通过依赖"直觉"和"见识"的投资风格持续获利。美国基金行业正在迈向"老牌精英"缺席的时代。

桥水基金创始人瑞·达利欧强调的原则是以可信度加权的方式做决定，以系统化的方式来决策。而桥水基金的策略是以算法的形式把决策标准表达出来，把这些算法植入计算机，进而以此提高集体决策的质量。这样的决策系统（尤其是在实践可信度加权的情况下）是极其强大的。

7

贝叶斯网络带来了"直觉革命"。科学家把所有假设与已有知识、观测数据一起代入贝叶斯公式，就能得到明确的概率值。一个看起来很简单的公式已成为一个全新的科学高效的工具。

20 世纪 80 年代，贝叶斯之父朱迪亚·珀尔证明，使用贝叶斯网络应该可以揭示复杂现象背后的原因。

其操作原理是这样的："如果我们不清楚一个现象的原因，首先根据我们认为最有可能的原因建立一个模型，然后把每个可能的原因作为网络中的节点连接起来，根据已有的知识、我们的预判或者专家的意见给每个连接分配一个概率值。接下来，只需要向这个模型代入观测数据，通过网络节点间的贝叶斯公式重新计算概率值。为每个新数据、每个连接重复这种计算，直到形成一个网络，任意两个原因之间的连接都得到精确的概率值为止，就大功告成了。即使实验数据存在空白或者充斥噪声、干扰信息，不懈追寻各种现象发生的原因的贝叶斯网络也能够构建各种复杂现象的模型。贝叶斯公式的价值在于，当观测数据不充分时，它可以将专家意见和原始数据进行综合，以弥补测量中的不足。我们的认知

第 8 关：冲动——像阿尔法围棋一样，兼顾直觉和理性

缺陷越大,贝叶斯公式的价值就越大。"

8

算法会给 AI 带来直觉吗?事实上,AI 恰恰是靠模仿人类的直觉,在围棋上打败了人类。围棋是完美博弈的巅峰,其难度在于,很多时候要凭直觉。AI 下围棋,对于专家而言,对比已经被攻克的象棋,难题有两个:搜索空间庞大,没有合适的评价函数。

阿尔法围棋的秘密是,用深度神经网络模仿人类的直觉行为。结果是,它不仅彻底战胜了人类,而且从技术的角度来说,它已经完全有了下围棋的感觉。更要命的是,人类以前自诩的灵性和感觉,绝大多数被证明是错误的。好在,从目前来看,AI 模仿人类的其他感觉,目前似乎还很遥远。可是,谁知道呢?当年绝大多数人也认为 AI 战胜世界围棋冠军是一件遥不可及的事情。

9

然而,即使贝叶斯之父朱迪亚·珀尔,现在也觉得,这种机器直觉将阻碍我们走得更远,他希望机器像人类一样思考为什么。为什么呢?因为深度学习仍然是一个黑盒子,简单地说"一切都是统计",并非真正理解了因果关系。

使用人工神经网络通过构建和加强联系,深度学习从数学上越来越近似人类神经元和突触的学习方式。训练数据(例如,图像或音频)被输入神经网络,神经网络会逐渐调整,直到以正确的方式做出响应为止。只要能够看到很多训练图像并具有足够的计算能力,就可以训练深度学习程序,从而准确地识别照片中的对象。

但是深度学习算法并不善于概括,也不善于将它们从一个上下文中学到的东西应用到另一个上下文中。它们能够捕获相关的现象,例如,公鸡啼叫和太阳升起,但是无法考虑彼此之间的因果关系。

10

我称直觉为惊险的一跃,但你必须已经(或有能力)登上两座山头,才可能在两座山头之间飞跃。很多东西似乎靠直觉才能解释,但是这些直觉就像准备好相关条件之后的惊险一跃。

爱因斯坦爱拉小提琴,费曼喜欢画画和打鼓。在某种意义上,文理跨越,似乎更有利于培养直觉。这就是通识教育的意义和价值。我们还应该像柏格森说的那样:"要像行动者那样思考,要像思考者那样行动。"

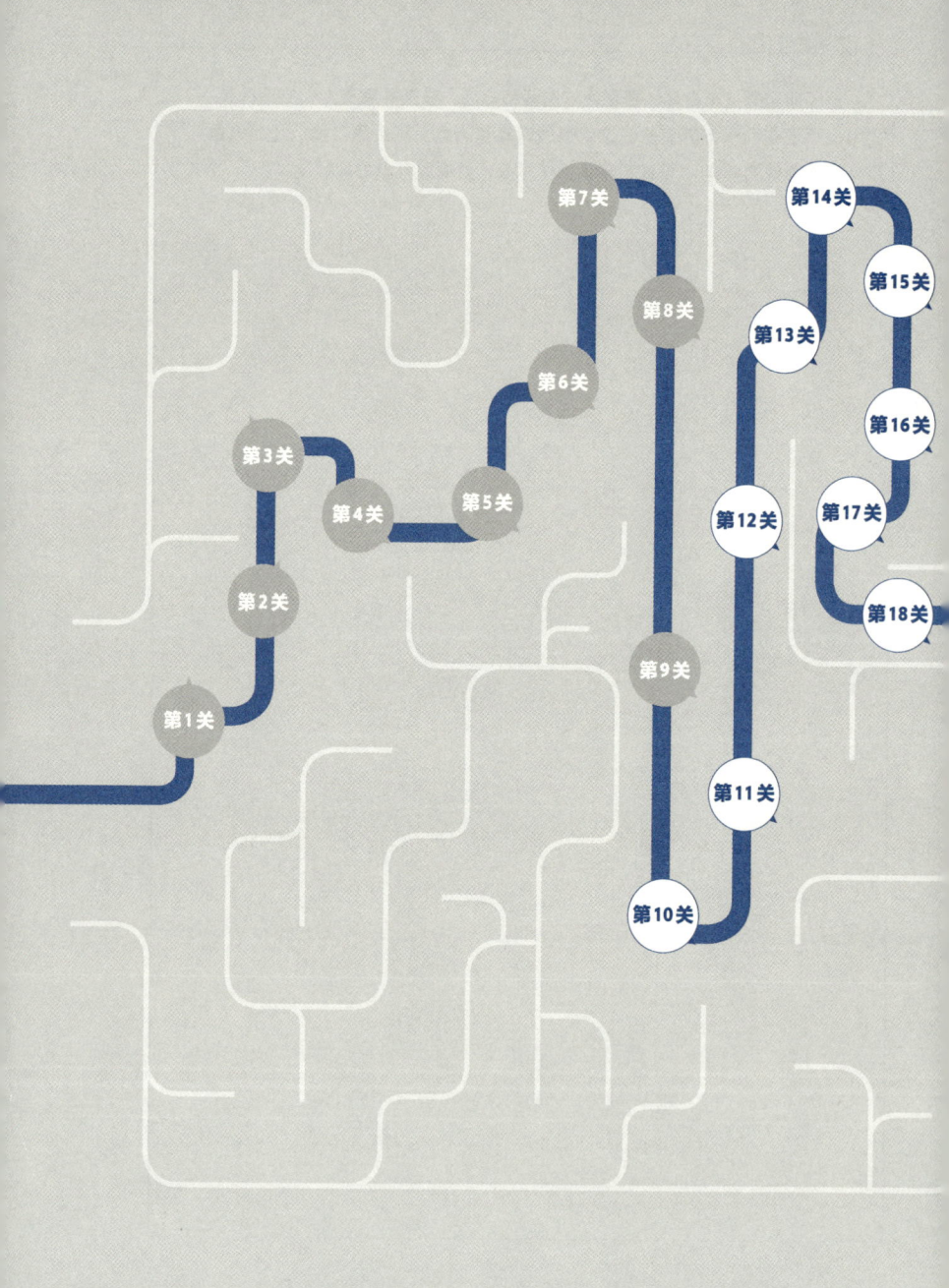

第1关
第2关
第3关
第4关
第5关
第6关
第7关
第8关
第9关
第10关
第11关
第12关
第13关
第14关
第15关
第16关
第17关
第18关

第9关 犹豫
灰度认知，黑白决策

灰度认知，就是保持开放性，不要先入为主，避开大脑的那些怪癖，还要忍受不确定性，去除意识形态。黑白决策，就是要敢于在迷雾中做决定，按下按钮，并承担后果。

西奥多·阿多诺说："自由不是在黑白之间做出选择，而是可以放弃这样被规定好的选择。"

认知是概率化的，决策则属于现实的那一瞬间。

在九段心法——内控部分，我们提及，大脑从获取信息到采取行动，需要经过感知—认知—决策—行动这四个步骤。当我们用上一章提到的直觉思维做决策时，往往会跳过中间两个步骤，直接从感知到行动。反过来看，如果要培养理性思维，认知和决策这两个环节就显得至关重要。我把它们分别称为"灰度认知"和"黑白决策"，我会借助这两个概念带你重新理解认知和决策的方法。

在此之前，我们先来回顾一下认知和决策的含义。认知就是你对收集到的信息进行处理，像分析官一样思考，评估各种选项。决策就是在各种选项面前，你像一个指挥官一样做出最终选择。

我们都知道，灰色处于白色和黑色之间，当我们想要准确描述它时，需要给它加上一个百分比。灰度认知说的便是在评估选项的阶段，先不要急于做非黑即白的判断，保持一定的灰度，这个灰度最好有一个数值。相反，黑白决策就是说我们在形成最终决策时必须有一个黑白分明的选择，不能模棱两可。但在现实中，我们恰恰容易把两者混淆，在认知环节非黑即白，在决策环节犹豫不决。

认知阶段要保持灰度

我们来看一个有趣的案例，它能帮助你深入理解在认知和决策的过程中出现的问题。

20世纪90年代中期，铜价下跌得很厉害。加拿大因迈特矿业公司下属的一个位于美国的铜矿经营困难，总公司想将其关闭，但也面临来自多方的阻力。这个有超过1 000名矿工的铜矿几乎是当地唯一的企业，若将其关闭，无疑会给当地经济造成巨大的负面影响。另外，关闭铜矿意味着当地管理团队承认决策失误，为保全名声，他们也不愿意那样做。

除了关闭铜矿，这家矿业公司其实还有另外两个选择：一是不在本地炼矿，把矿石运到加拿大，用新式熔炉提炼；二是继续向北挖矿，因为这个铜矿的北部可能还有很多矿藏。

公司高管倾向于关闭铜矿，矿区经理则认为应该继续经营，各方吵得不可开交，会议开了几个小时仍毫无进展，大家都很沮丧。关闭铜矿面临的阻力，一如我们在现实生活中遭遇的诸多难题：各种因素交织在一起，摆在眼前的选择各有利弊，很难一下子厘清。这时，一个名叫马丁的小伙子突然提出一个问题："这个选择必须具备怎样的条件才能成为正确答案？"

这个小伙子是矿业公司请来的，来自一家专业咨询公司，他敏锐地发现大家在讨论选项的时候都犯了一个错误，每个人都急于证明自己的选项是最好的,并试图说服对方。事实上,讨论就是一个对事物形成认知的过程,灰度认知需要人们全面评估各种选项的可能性。如果每个人都固守自己的观点,反对别人的认知,而没有人像分析师一样真正思考每个方案的可行性、成本和收益,会议自然无法进行下去。

提出这个问题的人名叫罗杰·马丁,后来他成为多伦多大学罗特曼管理学院院长,他的商业思想在全球都产生了一定的影响力。马丁提倡把每一种可能性都尽可能罗列出来,并对它们进行分析。这样就能理性地评估每个选项的优劣。事实上,一旦开始这样思考问题,我们看待问题的方式就会发生转变,因为它把我们从一场非黑即白的对错之争中拉回到对事实本身的判定上。

换句话说,在认知阶段无须非黑即白,不要把讨论方案变成坚守立场的攻防战。当矿业公司的人员从"黑白认知"转为"灰度认知"时,局面随即发生转变,三个方案的可行性变得一目了然:把矿石从海上运往加拿大这个选项听起来不错,但一算账就会发现费用远超预期,所以只能放弃;扩大矿区的选项也很有吸引力,但从技术的角度来看,新旧矿脉之间有一个巨大的岩壁,打穿岩壁的成本过高,所以也不可行;到最后大家发现,尽管"关闭铜矿"的决定很艰难,但它是唯一可行的选项。

经过"灰度认知"这个过程,连反对者也不得不接受这个决策。它的秘密在于,不把时间和资源浪费在非黑即白的争吵上,而是对每个选项进行灰度数值的确认。比如,马丁的确认办法是衡量每个方案成功所需的条件,这就好比从认知角度发起一场"实战模拟"或者

"压力测试"。你在完成测试后就能很清楚地知道该如何决策,而不是没摸清楚原因就随便做出判断。

当我们拥有一个观点时,不管多么自信,都要意识到,这个观点不可能是百分之百正确的。既然如此,我们就要冷静地思考一下,这个观点成立的可能性究竟有多大。如果这个关乎可能性的数值介于 0 和 100% 之间,那它就是一种有灰度的认知。灰度认知的底层是概率思维。不管你的某个信念多么坚定,都要在前面加上一个概率数值。

可信度加权

我曾在一部介绍狮子捕猎的纪录片中发现了一个惊人的事实——狮子大多数的捕食行动都以失败告终。即便是草原之王,失败了也要饿肚子。

我之所以举狮子捕猎失败的例子,是因为我们总有一个错觉——厉害的人做什么都能成功。其实不然。《原则》一书的作者瑞·达利欧所在的桥水基金是全球最大的对冲基金,在看似光鲜的投资战绩背后,达利欧也犯过很多严重的错误。这使得他重新研究了一套公司做决策的方法,也就是后来被很多人提及的"可信度加权"。桥水基金在采用这套方法后,投资决策的质量得到了大幅提升。

事实上,可信度加权就是典型的在灰度认知下取得的决策方式。鉴于这种方式非常实用,我觉得有必要好好解释一下。你可以把"加权"理解成"乘以权重"。举个例子,开一个家庭会议,一家人就要不要买洗碗机这件事表态。其中,每位家庭成员的意见权重不一样,比如妻子的权重是50%,丈夫的权重是25%,孩子的权重是25%。最后在做统计的时候,妻子的一票相当于丈夫的两票。

这个方法听上去很简单,达利欧在桥水基金采用的工作方法就是如此:公司内部专家都有表达意见的权利,但根据每个人过往的表现,每个人的意见权重会有差别。对于那些能力更强的决策者的观点,公司会赋予更大的权重。经过简单计算,最后得到一个群体意见。

2012年,桥水基金内部讨论关于欧债危机的决策难题,在讨论过程中出现意见分歧。一半的人认为欧洲央行会印更多的钞票来购买债券,另外一半的人则反对。在这种情况下,正是可信度加权的分析系统打破了僵局。

可信度加权不是无差别的民主,也不是独裁,而是把每个人的可信度纳入考量。具体办法是他们先用自己发明的集点器工具收集大家对一个问题的不同看法,可能会收集几十种,然后其他人就可以对别人的想法打分。达利欧就曾提及,一个实习生对他的想法打了3分,满分是10分,3分也就是很差的意思。但是因为这个实习生的资历比较浅,他打出来的分数所乘的权重不会很高。如果有一个权重高的人赞同达利欧的想法,这个想法的得分就会变得比较高。经过一系列计算,就能得到一个群体决策的最终结果。

这是一个可信度加权决策程序。最后,桥水基金正确预测了欧洲央行会印更多的钞票。

独立思考的确很重要,一个聪明人的思考也很有价值,但更好的方法是召集一群独立思考者,让他们分别做出判断,并对他们的判断进行加权。这样做,你就能长期得出比其他人质量更高、更稳定的判断。

说了这么多灰度认知,我们再来看什么叫黑白决策。黑白决策相对比较简单,就是要敢拍板,做出非黑即白的决定,不模棱两可、犹豫不决。

假如人生是一个超级电脑游戏,那么这个游戏有一个重要的规则设置,即你在某个时间只能出现在某个地点。比如你想结婚,现在有两个不错的对象,两者各有优缺点,但你最终只能选择一个。人生充满了类似的"向左还是向右"的岔路口。这是这个游戏最有趣的两个规则之一,另一个规则是该游戏只能玩儿一次。

决策者是要为其他人负责的。就像在战场上打仗,指令必须清晰,不得含糊。这就是领导的意义和价值。因此,对于决策者来说,他承担的责任就是告诉伙伴们,这件事是做还是不做、什么时候做、投入多少资源。

这个世界上所有的知识都具有不确定性,包括这句话本身。我们只有容忍不确定性的存在,用灰度的方法去认知,去尽量测量它的灰度,才可能逼近真理一步。换句话说,灰度认知就是开放地考虑各个维度的选项,并赋予它们相应的权重。至于黑白决策,就是根据计算结果给出清晰果断的选择。

事实上,做好了灰度认知,黑白决策也就不是难题了。从桥水基金的决策方法中,我们可以得到启发:一群专业人士的意见加权远远比一个人的意见更可靠。所以,我们可以为自己打造一个专家意见团,在不确定的复杂决策面前,提高我们的胜率。

→ 复盘时刻 ←

1

认识是发散的、开放式的,所以是灰度的;决策是收敛的、闭合式的,所以是黑白的。这两者就像是剪刀的两个刀刃,剪向某个时空点,就会影响甚至决定我们的未来。

2

为什么很多聪明人干不成大事?虽然他们有很强的认知能力,但缺乏黑白分明的拍板能力。塞罗尔说:"世界上最大的麻烦是,愚者十分肯定,智者满腹狐疑。"认知的灰度和决策的黑白,是一种看起来有些对立的结合。如何将两者结合起来?第一,想明白;第二,有方法。

3

奇普·希思说:"我们决策的'历史记录'不是太好。"信任直觉或进行严密分析都不能确保我们做出好决策,但一个好的流程却可以。有研究表明,决策流程更为重要,比分析重要6倍。

4

灰度这个概念,有两重意思:一是别非黑即白;二是灰度是有数值的,绝非灰不溜丢的意思。概率的价值在于,我们可以把观点转化为更精确的数字。有些人会怀疑:"本来就是不确定的事情,你非要计算概率是多少,那不是瞎蒙吗?"哪怕是瞎蒙的一个数字,也好过一大堆"我觉得"和"有可能"。而且,结合体系与流程,例如,采用贝叶斯算法,一堆瞎蒙的概率,最终会产生惊人的预测效果。本质上,概率帮助我们在复杂的不确定世界里,发现未知事件之间的因果关系,也就是不断追问本质的"为什么"。

5

决策树算是把灰度认知和黑白决策结合在一起的一种工具。其核心逻辑是，把一件复杂的事情拆成一个个相对简单的事情。比如，某件事情的决定性因素可以拆成三个简单且独立的事件，我们给每个"简单事件"估算概率和期望值，从而为决策提供量化依据。事实上，即使估算不够精确，这个过程已经算是真正用脑子发现事物本质层面的因果联系，从而对不确定的事件做出判断和决策。

查理·芒格说："假如有 20 种相互影响的因素，那么你必须学会处理这种错综复杂的关系，因为世界就是这样的。但如果你能像达尔文那样，保持好奇心并坚持循序渐进地去做，那么你就不会觉得这是一个艰巨的任务，你将会惊讶地发现自己完全能够胜任。"

6

然而，很多时候，认知的价值被过分放大了。就像那些出现官僚主义的大公司，看似一堆高学历的牛人在没完没了地开会，其实他们是在追求"精确的模糊"。吉姆·布雷耶说："人们通常厌恶不确定性。我们的社会花费了数百亿美元用来减少不确定性，为了减少最后 10% 的不确定性，我们通常要付出荒谬的代价。"

7

保持灰度，其实就是保持无知。马克·吐温说："让我们陷入困境的不是无知，而是看似正确的谬误论断。"灰度认知是一种在不确定情境下的生存之道。用罗素的话说，就是"使人们不至于因犹豫不决而不知所措"。斯图尔特·法尔斯坦的观点是，承认不确定性是我们接近客观事实这一目标的首要步骤。正确的态度应是："这件事，我不知道。来，让我们一起算算看。"我的一个观察是，假如你对一个事情没有足够的认知深度，就很难做出很好的决策。

8

当你非要做决定的时候，随便做一个决定也好过不做决定，尤其是在战场上。当然，我们在说"不"的时候，也是在做决定。人们不敢做决定的原因是，不愿意承担不确定性的风险。但我们一定要意识到，任何一个决定，一定是有利有弊，有得有失，你必须一刀切下去。胆小鬼、道德逃避者、思维洁癖患者，都无法做到"黑白决策"。

决策就是对未来下注。你无须每次都对，你要做的是建立一个整体期望值为正的下注体系，而且这个体系可以不断进化和完善。从商业模式的角度来说，你最好开一个赌场。

9

"黑白决策"的另外一句潜台词是别后悔。复盘很重要，感叹自己"差一点儿就对了"则会摧毁你的决策系统。尼采说，懊悔是"在重复第一次的愚蠢行为"。复盘的关键是分清结果和运气。例如，你做某件事情获胜的概率是60%。假如你输了，也不奇怪，因为你落入了要输的那40%的概率区间。这属于运气。复盘需要回到"灰度认知"，需要对决策流程进行评估，包括对概率数值进行更新。

10

以我的观察来看，决策是一种需要锻炼的能力。从教育的角度来看，父母对孩子养育得过于精细，其实是剥夺了孩子锻炼决策能力的机会。对于认知，有些人说人算不如天算，那还要不要算呢？当然要，否则你就会屈服于命运。厉害的决策者，看起来都是举重若轻的。然而，我们千万不要因此产生错觉，以为决策是一个简单的事情。正如弗里德里克·迈特兰德所说："简单是长期努力工作的结果，而不是起点。"真正的屠龙术，莫不如此。

认知是发散的、开放的，

所以是灰度的；

决策是收敛的、闭合的，

所以是黑白的。

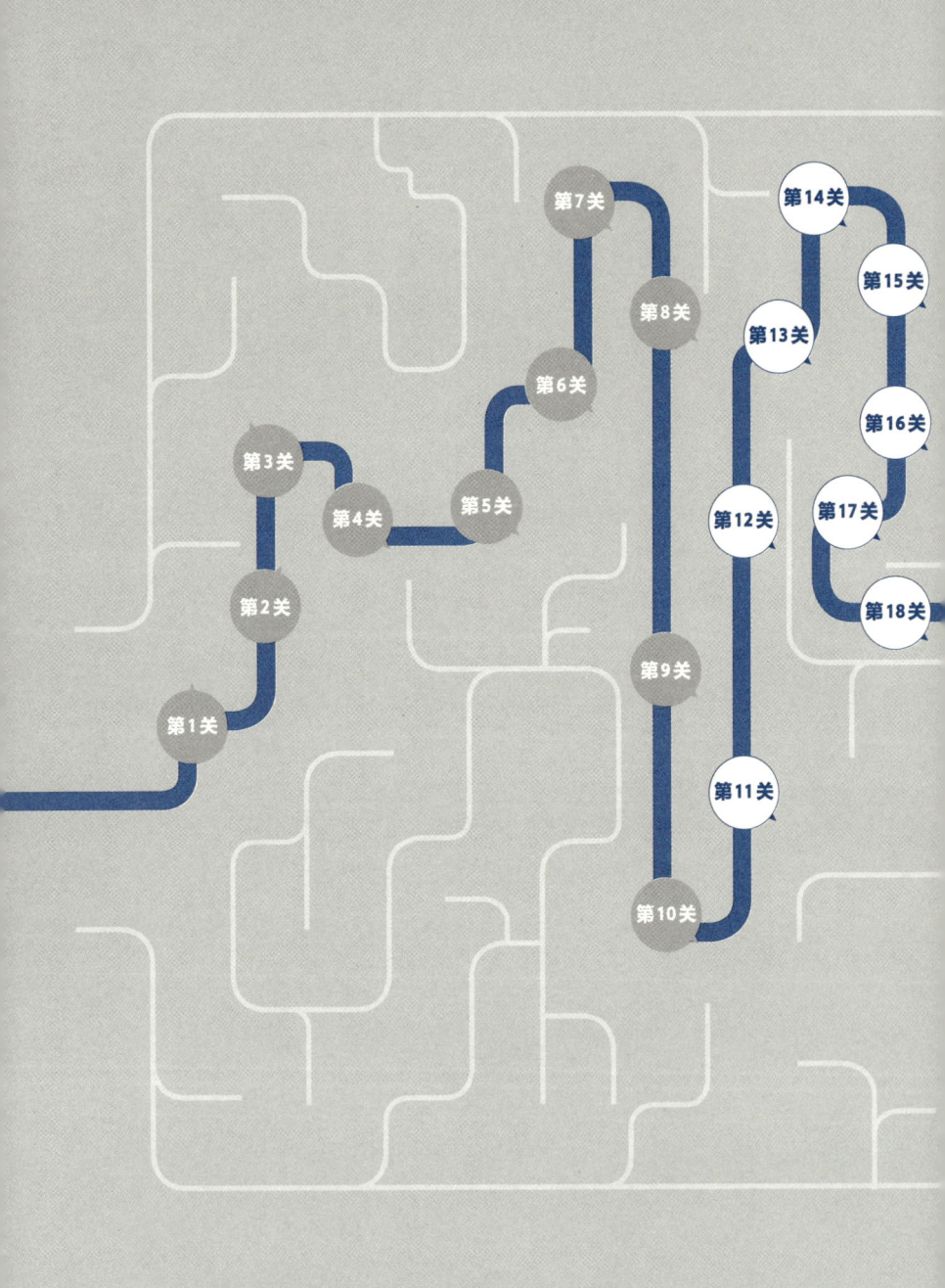

第1关
第2关
第3关
第4关
第5关
第6关
第7关
第8关
第9关
第10关
第11关
第12关
第13关
第14关
第15关
第16关
第17关
第18关

第10关 武断
自我批判的"双我思维"

一个人变得越来越聪明,并非指他摆脱了愚蠢的自己,而是学会了让聪明的自己与愚蠢的自己相处。

让自己变成一个有自制力的人,并非不断考验自己的自制力。比如,你决定改变睡觉前看手机的习惯,那么你应该做的是别把手机带进卧室。

我们的人生绝大多数时候都犹如置身无边无际的大海,只拥有极少的已知条件。但绝大多数时候,我们有限的努力、笨拙的推理,都能令自己脱离险境。

上一章提到，在决策阶段我们要足够果断，做到非黑即白。但在实际操作的时候，我发现果断和盲目自信的武断之间并没有那么泾渭分明。稍有不慎，果断就会变成一种武断。在做决策的时候，要如何避免陷入武断的泥沼呢？

我们先来看两个因为武断而做出错误决策的案例。

1977年的特内里费空难被视为航空史上最严重的一次事故：两架客机相撞，致使583名乘客和机组人员死亡。《摇摆：难以抗拒的非理性诱惑》一书记录了这起事故的前因后果。

事故其中一方是荷兰皇家航空公司4805号班机，机长范·赞藤堪称世界上经验最丰富、技术最精湛的机长之一，并长年担任新飞行员的训练官。当4805号班机第一次要起飞的时候，前方目的地机场临时关闭，也不知道什么时候开放。机长范·赞藤不愿意白等，想就地加油，这样在下一站中转的时候就能节约半个小时。但刚开始加油，目的地机场居然重新开放了，机长因此错过了这次起飞。

轮到 4805 号班机第二次起飞的时候，意想不到的事情发生了，机场忽然起了大雾。这下机长范·赞藤可急了。雾越来越大，机场随时都有可能关闭，一旦关闭就彻底飞不成了。这位世界级的机长越来越焦虑，他加快引擎，滑上跑道。副驾驶提醒他眼下能见度太低，并以未收到塔台的起飞许可为由及时制止他。心急火燎的范·赞藤机长在错把"起飞后的航线航行许可"当作起飞许可后，不顾副驾驶的质疑，强行加油起飞。

可怕的一幕出现了，另一架隶属于美国泛美航空的波音 747 飞机由于接收信息有误，在 4805 号班机前方的跑道上滑行。此时已无任何调整余地，两架客机相撞，致使 583 人遇难。

这起骇人听闻的空难，一如我们在现实生活中遇到的难题：考虑到问题 A，结果问题 B 又冒出来了。想谨慎一点儿，结果错过了时机；想大胆冲一把，结果又踩到了地雷。很多人在现实生活中都会陷入如此困境。

康奈尔大学的研究人员发现，在"9·11"事件之后的三个月，也就是 2001 年 10 月至 12 月，平均每个月因交通事故死亡的人数比以往多了 344 个。原来，因为害怕坐飞机，更多市民选择自己开车，结果出现了更高风险的情况，因为车祸死亡率远远高于飞机事故的死亡率。研究者认为，人们因害怕坐飞机而选择驾车这个趋势导致的死亡人数可能超过 2 000 人，这几乎等于另一场"9·11"事件造成的伤害。

决策武断带来的重大伤亡令人心有余悸。应如何规避上述情况，真正提升自己的决策能力呢？

你需要完成以下三个挑战。

第 10 关：武断——自我批判的"双我思维"

双我思维的决策方法

第一个挑战：避免盲从，对决策多把一道关。

我想和你分享一种非常容易学习，也非常有效的思维方式——双我思维。这种思维方式要求你在考虑问题的时候把自己拆成两个人，让他们相互对话。不要小看这个方法，因为它可以训练批判性思维。很多在自己所属领域非常成功的人，就是应用了双我思维的决策方式。

比如，富兰克林采用的"道德代数法"就是双我思维的一种应用。第一步，在思考过程中，他在自己的脑袋里设置了两个小人，一个是正方，一个是反方。然后用一条线将一张纸分成两栏，一栏写"正方"，另一栏写"反方"。富兰克林在正方这一栏写下赞成的意见，在反方一栏写下反对的意见。完成这一步，就相当于把自己矛盾的意见整理出来，落到纸面上可视化了，同时就手上有哪些可以打的牌做盘点。第二步，富兰克林会不带任何感情色彩地给刚刚写下的意见打分。他在这一步确定了各种意见的权重，也就是意见的重要程度。具体操作方法是赋予这些意见数值，把它们变成可以比较的数字。第三步，他计算了两边的分数，根据得分的高低，自然就知道该如何做决策了。

富兰克林采用的道德代数法为那些模糊不清、道理难辨的意见量身打造了一套流程，再纠结的问题，只要按流程过一遍，也能得到明确的答案。这与现代法庭的程序思路相似：使用这种方法，即使线索不完善、条件不确定，也能做出相对理性的判断。

双我思维的另一种应用是芒格的"双轨分析法"。芒格也把自己拆分成两个人——"理性的我"和"潜意识的我"。他会先问"理性的我":"哪些因素真正控制了涉及的利益?"然后他会问"潜意识的我":"哪些潜意识因素会使大脑自动形成虽然有用,但往往失灵的结论?"

芒格靠这种方法成了地球上最理性的人之一。

要知道,真正区分哪些是潜意识,哪些是理性分析,这个动作本身就很有价值。这能使你对自己做出正确的判断,在事后复盘的时候,你才会知道哪个部分真正起了作用。

第三个双我思维的应用来自霍华德·马克斯,他是橡树资本的创始人,管理着上千亿美元的资产。他的方法被称为"第二层思维",他把自己的思维分成两层:"第一层思维的我"是普通的我,想法和别人差不多;"第二层思维的我"则是高人一等的我,要把第一层所有人的意见考虑在内,甚至能进行和别人完全相反的逆向思考。比如,面对一家公司的股票,"第一层思维的我"说:"这是一家好公司,让我们买进股票吧。"但"第二层思维的我"会反驳道:"这是一家好公司,但当人人都认为它是一家好公司的时候,它就不是一个好的投资标的了,因为股票的定价过高。让我们卖出股票,寻找下一个投资机会吧。"

以上三种思维工具的应用各有差异,但本质上它们的使用者都建立了双我思维,让自己心里多住了一个人,让他和自己对话,反复探讨,考验自己思维的正确性。当你能熟练运用双我思维的时候,你就成功应对了第一个挑战,可以独立、批判性地做决策了。

如何正确地评估决策

我们面对的第二个挑战是,在复盘的时候要如何评估那些做过的决策。其实,对于决策者而言,最大的挑战不是做出决策这个动作,而是事后对决策本身的评估,因为你在制定下一个决策的时候,会结合对前一次决策的评估进行优化调整。

大多数人都会按结果的好坏评判决策。这样的做法忽略了一个很重要的问题:决策和结果之间并不是简单的因果关系,这中间还可能有很多不确定因素,比如风险、运气、其他人的不理性等。

扑克高手安妮·杜克在《对赌》这本书里分享了她遇到的问题。在一次慈善锦标赛中,她告诉观众一名牌手胜利的概率为76%,另一名牌手胜利的概率为24%。结果,有24%胜利的概率的那位牌手赢了。在欢呼声和惋惜声中,有一名观众喊道:"安妮,你算错了!"安妮解释说自己并没有算错:"我说了,他胜利的概率是24%,而不是零。你需要想清楚24%意味着什么!"

安妮的意思是,"一位选手胜利的概率是24%",指这件事发生的可能性很小,但仍然有可能发生。可是你不能因为小概率的事情发生

了，就说刚才的决策分析完全错了。你也不能因为这一次的结果就混淆了决策水平和运气。

正确的决策不一定会产生好结果，但也绝不能因此认定决策就是错误的。复盘的目的，就是要有区别地评估决策水平和运气。

迭代你的决策系统

做完对决策的复盘，我们要应对的第三个挑战就是如何根据以往的经验和客观事实迭代自己的决策系统。我们回顾一下之前提到的抛硬币的问题。这一次，假设你在一个陌生城市的街头，看到有人抛硬币，连续20次都是正面朝上，那么下一次正面朝上的概率是多少？

如果是实验室环境，根据大数定律，当然是50%。但这是在大街上，你需要再想一下硬币是不是被动过手脚。也就是说，除了评估决策水平，你还要考虑概率环境。

在不确定的现实世界（而非实验室环境），人类的观察能力是有局限的。你对陌生环境中陌生人手中的硬币一无所知，只能对它做一个主观判断。

这就相当于，已知袋中有M个红球、N个蓝球的情况下，你能轻而易举地得到从袋中摸出红球的概率，但在袋中红球、蓝球比例未知的情况下，你只能通过反复摸球，对两类球的比例做一个主观判断和假设。

这种逆向推得概率的方法被称为贝叶斯定理，它的强大之处在于，你可以在主观判断的基础上先估计一个数值，然后根据客观事实不断修正这个数值。也就是说，"用客观的新信息，更新我们最初关于某个事物的信念后，我们就会得到一个新的、改进了的信念"。当你下一次做决策的时候，就要基于这个改进了的信念。

回过头来看，在陌生的地方，陌生人用一个你完全不知底细的硬币和你玩游戏。你当然有必要根据客观的新信息推理这个人有没有在硬币上作弊，不断地修正正面朝上的概率数值。

贝叶斯定理为我们提供了一个思路：在不确定的环境下，每一条新信息都会影响你原来的概率假设，你需要根据现有的信息调整你的决策思路。因此，厉害的决策者都是"贝叶斯高手"。他们在开始的时候未必比你高明多少，但可以不断更新，逼近潜在本质，迭代自己的决策系统，进而实现更准确的推理和决策。

总结一下，武断是决策的大敌，要想做出好决策，我们要应对三个挑战。第一个挑战，你要用"双我思维"去决策，让两个你在脑海里打架，避免武断决策。第二个挑战，你在复盘的时候要保持理性，不能简单从结果出发评判决策的好坏。第三个挑战，要用贝叶斯定理的思路不断迭代你的决策系统。

→ 复盘时刻 ←

1

一直以来,我们都在犯一个巨大的错误——我们试图消灭另外一个自己。

2

例如,你在事业上节节高升,越来越需要公开讲话,但你经常怯场。你千方百计地去上各种演讲课,希望像乔布斯一样从容而有魅力。然而,练习了很久,你还是无法克服一上台就打哆嗦的习惯。

3

直到有一天,一位演讲高手对你说:"你的目标不是'演讲的时候不要打哆嗦',而是'打哆嗦的时候还能演讲'。"

4

没错,你根本没必要消灭那个怯场的自己。那个你已被深深地写入基因。你要做的,是"双我共存":让学会演讲的自己暂时接管局面,让怯场的自己静悄悄地藏在演讲台下打哆嗦。

5

"我"到底是什么?这是宇宙中最大的谜团之一。打开人类的大脑,我们根本无法找到"我"的容身之地。大脑甚至没有一个 CPU。

6

有科学家认为,人类的大脑就像一个闹哄哄的会议厅,一堆人乱七八糟地发言,有时候是有道理的一方得胜,有时候是嗓门大的一方得胜。不管哪一方得胜,大脑都有一个神奇的功能——自圆其说。它非常擅长把一团混乱的东西杜撰成一个完整的情节,塑造出一个你自己确信无疑的"自我意识"。

7

理解了大脑的局限之后，你就理解了我为什么要提"双我思维"。你无法消灭那个感性、冲动、懒惰的第一个我，你要做的，是让第二个我和第一个我组建联席 CEO 机制。

8

富兰克林和芒格的方法是"空间的双我"。积极复盘是"时间的双我"。橡树资本的霍华德·马克斯用的是"认知深度的双我"。贝叶斯更新用的则是"空间 + 时间 + 认知深度"的双我。

9

这个世界上并没有超人。人和人之间在硬件设备上的差距远远小于我们所用的手机之间的硬件差距。厉害的人并非没有蠢念头，只是他们有更强大的"双我机制"。平庸者喜欢说："你看，这件事儿本来我都想到了，可是……"对平庸者而言，"双我"只适合当事后诸葛亮。

10

"双我思维"其实是设置了一种自我的对话机制，让自我强行进入主动思考的程序。你不能消灭那个让你恼火的自己。试着和其一起，组建一个"黑白双煞二人组"，没准儿能成为一个超级乐队。

双我思维

等于

空间双我

+

时间双我

+

认知双我

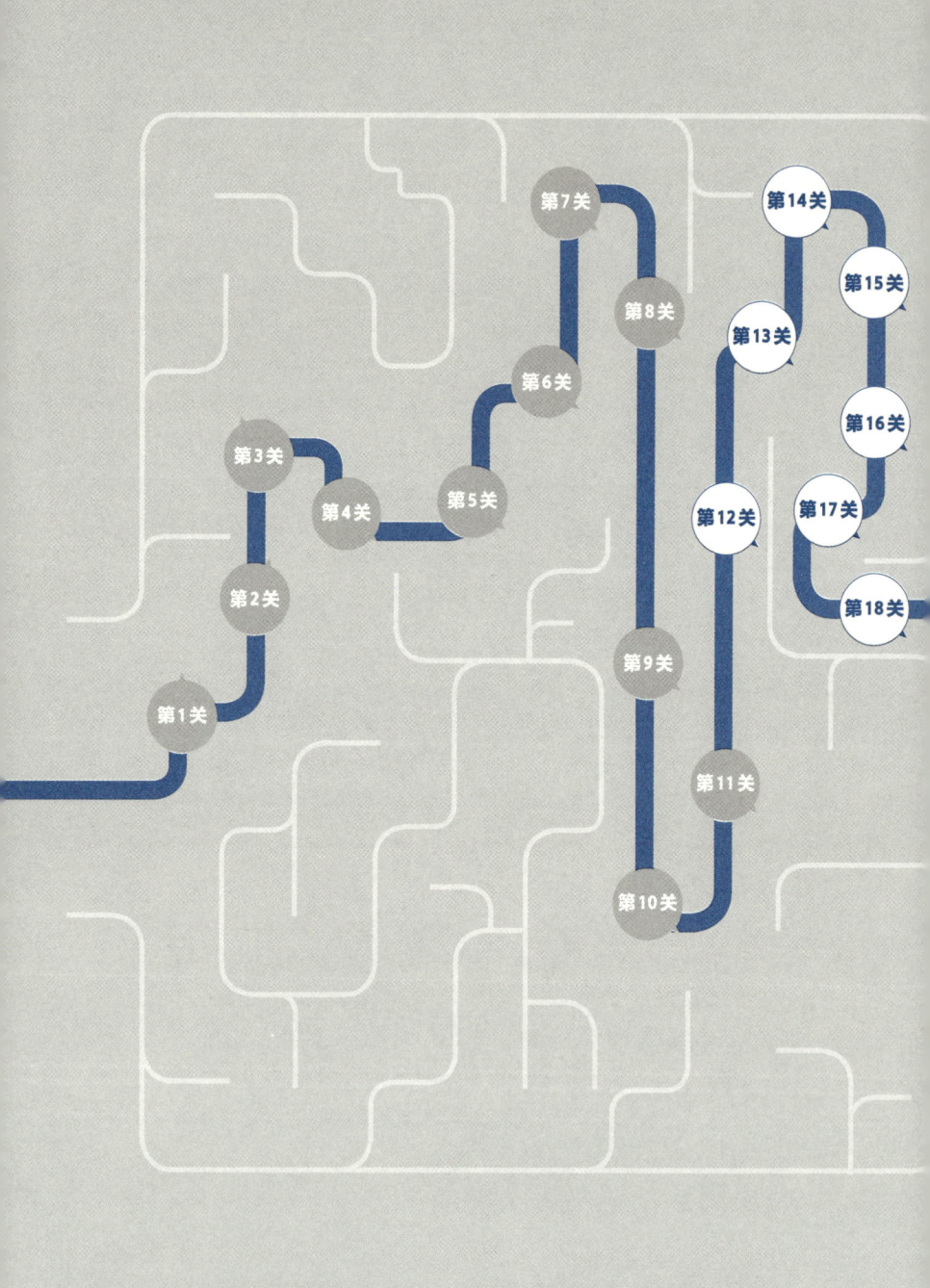

第1关
第2关
第3关
第4关
第5关
第6关
第7关
第8关
第9关
第10关
第11关
第12关
第13关
第14关
第15关
第16关
第17关
第18关

第11关 情面
坚决行动的浑球儿思维

无原则地讨好别人并无意义。

我将讨好策略更新为讨好极近和极远的人。极近的人就是你身边的人,那些你愿意为他们两肋插刀的亲友。极远的人是与你所追寻的意义相关的人,例如"孤独大脑"和本书的读者。

浑球儿清晰地定义了自己要讨好谁,并且非常坚定。生命有限,这么做也许是对的。

在本章，我们要讨论的人生难题是情面。我们很多时候都会顾及他人的情面，在应该行动的时候犹豫不决。可有一类人，他们丝毫不受情面影响，朝着自己的目标坚定行动，看起来甚至有些浑球儿。

不知道你发现没有，很多决策者都有浑球儿的一面，早些年，生活中的巴菲特就是一个典型例子。他的孩子遇到车祸，回家把这件事告诉他，他头也没抬，第二天才想起来去看看情况。他自己赚那么多钱，女儿却连彩电都买不起。连被他收购的公司的创始人，希望保留极少一部分股权作为家族纪念，也被巴菲特毫不留情地拒绝了。

同样有浑球儿那一面的，还有谷歌的创始人拉里·佩奇。2001年，他不顾其他高管反对，突发奇想要解雇所有的项目经理。他当着130多位同事的面，直接宣布炒了所有项目经理的鱿鱼，事先完全没有任何通知。

特斯拉的CEO埃隆·马斯克更是浑球儿领域的集大成者。他对产品的想法反复无常，工程师们被来回折腾，痛苦不堪。勤恳工作的老员工曾因提出加薪要求被他扫地出门。

浑球儿和决策者究竟有什么关系呢？是不是因为他们厉害，所以有资格当浑球儿？不，我要说的是，浑球儿思维恰恰是这些决策者的秘密武器。

为了更好地理解浑球儿思维，我们先要了解大脑内部一个非常有趣的秘密机制。几十年前，认知神经科学家迈克尔·加扎尼加思考了一个问题："假如我们的大脑拥有各个独立运作的系统，这是不是意味着大脑有统一的意识？"通过长期研究，加扎尼加终于发现，大脑接收的外部信息是非连续的碎片，就像一张张独立的图片一样。那连贯的意识是怎么形成的呢？

加扎尼加的研究指出，人的左脑中有一个叙述系统，他把这个系统命名为"诠释者"。"诠释者"会编造故事，把碎片信息组成有逻辑的故事。就像把图片连续播放，变成电影一样。不过在这个过程中，为了让故事看起来能够自圆其说，它还可能篡改事实，强加不存在的因果联系。

因此，大脑里的统一意识都是经过"诠释者"艺术加工过后的剧本。绝大多数人都毫无觉察地被这个"诠释者"支配着。我们的意识和感觉其实是大脑加工后的"错觉"。正因为如此，往往越聪明的人、越觉得能理解这个世界的人，越容易自欺欺人。

但是，有浑球儿思维的人常常不按套路出牌，他们并不屈服于"诠释者"安排好的剧本。浑球儿们不欺骗自己，做事不管不顾，敢于死磕，没心没肺。得益于这些看似很没道理的缺点，他们反而拥有了某种"超级理性"。这能让浑球儿们避免犯很多普通人常会犯的非理性

第 11 关：情面——坚决行动的浑球儿思维

错误。我把浑球儿思维称为大脑的"先天免疫能力"。

浑球儿思维的 7 种武器

具体来说,"浑球儿思维"包括以下 7 个特点。

1	从不维护自己的正确
2	从不在乎别人的评价
3	从不受制于他人的情感波动
4	从不忌讳残忍的坦诚
5	从不同情自己的遭遇
6	从不停止疯狂的探索
7	永远追寻伟大的意义

接下来,我们就来看看这七种武器各有哪些厉害之处。

第一种武器:从不维护自己的正确。

乔布斯就是一个典型,他是出了名的反复无常。在公司开会时,乔布斯经常骂别人的想法一无是处。有的想法即使被他否定了,如果他后来认为那个想法的确很好,仍然会采用它,绝对不会维护自己的权威和正确。

对于决策者而言,这一点至关重要。就像行军打仗,发现走错路了,就该立即掉头。除了上述的例子,乔布斯还曾果断地砍掉了在商业上未能取得成功的个人数字助理产品——"牛顿"(Apple Newton)。

他做决定时毫不在乎自己的面子，一些在别人看来很艰难的决定，他做起来却丝毫没有心理负担。

要做到这一点非常不容易，历史上很多大人物都败在了这件事上——楚霸王项羽打了败仗就无颜面对江东父老。在现实生活中，犯这种错的人无处不在。尤其是对已经功成名就的人来说，为了维护自己的正确，他们往往会付出巨大的代价。

第二种武器：从不在乎别人的评价。

叔本华说："人性一个最特别的弱点，就是在意别人如何看待自己。"但是对于浑球儿而言，他们天生就不在意别人的评价。

拿巴菲特来说，他认为他投资生涯最重要的财富，也是个人品质中最重要的一点是内部计分卡，也就是自己给自己的打分。与之对应的外部计分卡，是外界给你的打分。我们不是不需要评价反馈，而是要弄清楚应该把哪个评价作为自我挑战的准则。巴菲特认为，比起听从外界，听从自己的内心更重要。

在我们的生活中，这样的人独立、有主见、不在乎他人的意见，甚至有点自私或者独断。表面来看，这样的人的性格和一般人不一样，实际上是两者的评价体系（内部计分/外部计分）不一样。

第三种武器：从不受制于他人的情感波动。

这并不是说浑球儿们自己的情感不会波动（乔布斯就很容易发怒），而是说浑球儿们不容易受他人的情感波动影响，这也是优秀运动员必须具备的素质。韩国著名围棋选手李昌镐有个绰号叫"石佛"，就是说他下棋的时候面无表情。在一次比赛上，记者给李昌镐拍了一百多张照片，洗出来一看，他都是一个表情。

其实"呆若木鸡"这个成语最初的意思和现在完全不一样。它出自《庄子》里的一个故事，说的是战国的时候流行斗鸡，齐王请人训练斗鸡。有位高手花了40天，终于培养出一只鸡，它不叫不闹，和一块木头一样，收敛了全部精神，把别的鸡全吓跑了。这只木鸡就是斗鸡里的"战斗鸡"。不受他人情感波动影响，就是竞技的最高境界。

第四种武器：从不忌讳残忍的坦诚。

极度坦诚是一种效率最高的沟通方式，虽然经常很残忍。哈佛大学一位叫罗伯特·凯根的学者发现，大多数企业的员工在公司其实要干两份工作，一是本职工作，二是参与社交并处理各种关系。像达利欧这样的浑球儿就觉得，为什么要把时间浪费在这些事上面，所以他就在桥水基金内部建立了"极度坦诚、极度透明"的企业文化。比如，达利欧在 TED 演讲上讲过，公司的一位实习生在某次决策会议上当面给老板（达利欧）的观点打了极低的分数。

第五种武器：从不同情自己的遭遇。

浑球儿几乎不会有自怨自艾的情绪，这令他们在困境中仍能保持极度乐观。埃隆·马斯克的 SpaceX（太空探索技术公司）在遭遇了一次火箭坠毁后，一群人在酒吧借酒消愁，大家对"公司的钱顶多只够再试一次"这一点心知肚明。虽然马斯克也为财务状况担忧，但他还是表现得非常乐观，确立了新的目标——6 个月后重新发射火箭。正因为如此，SpaceX 后来拿到了 NASA（美国国家航空航天局）的一份大合同。

第六种武器：从不停止疯狂的探索。

浑球儿一旦设定了目标，就敢于进行疯狂的探索，即便在很多情况下这些目标看起来不可能实现。

在特斯拉电动车的研发过程中,由于电池太重,研发人员提出了用铝代替钢的方案,以减轻车身重量。但当时北美生产铝制车身的技术尚未成熟,这带来了很多麻烦。团队想放弃,但马斯克毫不妥协。他说:"我知道我们一定能够做到,只是花多少时间和精力的问题。"事实证明,他的选择是对的。

马斯克似乎总能做成常人不敢想象的事。为了完成那些看起来不可能的任务,他有一个特别有效的方法,就是考虑实现路径,而不是争论是否可行。这样一个人就不会被问题本身吓到,而会回到解决问题的轨道上思考问题。就像马斯克说的,这"只是时间和精力的问题"。

这些浑球儿之所以敢如此笃定,就是因为他们明白这个道理。拉里·佩奇也说过:"好的点子在被实现之前,人们总觉得它很疯狂。"浑球儿们从来不畏惧疯狂。

第七种武器:永远追寻伟大的意义。

最后这一条特别重要,它是有浑球儿思维的人和真正的浑球儿最大的区别。正如爱默生所说:"对于一心向着目标前进的人,全世界都会为他让路。"

《硅谷钢铁侠》的作者阿什利·万斯曾经评价马斯克,我觉得那是对有浑球儿思维的人很好的一段描写。他写道:

> 马斯克是有情有义之人,他以一种史诗般的方式呈现喜怒哀乐,他感受最深刻的是自己改变人类命运的使命。因此,他难以意识到他人的强烈情绪,以致他富有人情味的一面会被掩盖,令

他显得冷酷无情，不会顾及个体的想法和需求。但很可能只有这种人，才能将太空网络的奇思妙想变成现实。

这也正是我在浑球儿思维中想着重表达的：想想看，你我为了情面，放弃了多少机会！事实上，浑球儿思维并非鼓吹一种横冲直撞的能力，而是强调一个人如何最大限度地燃烧自我，拥有某些反人性的超级品质，但不失人性，从而成为一个为人类做出贡献的浑球儿。

→ **复盘时刻** ←

1

人们都嫌自己不够浑球儿,觉得自己过于仁慈。在这里,我对"浑球儿"的定义是:不受七情六欲影响,做正确的事情。这个定义多少是复杂的。什么是七情六欲?什么是正确?理性和伦理的关系与界限是怎样的?浑球儿如何面对"电车难题"?我只能说这里的浑球儿,不包括(且不限于)厚黑学、马基雅维利、社会丛林达尔文主义、不择手段成功学……

2

你有没有发现一个事实?一个真实的人远比一个善良的人更能帮助你。罗素说:"那些忘记善恶,只顾追求事实的人,与那些因欲望扭曲事实,只看到自己想看的东西的人相比,更容易达成善举。"说回你自己。浑球儿似乎更理性。罗素还说:"人的情绪起落是与他对事实的感知成反比的,你对事实了解得越少,就越容易动感情。"罗素绝非鼓吹冷血。我们知道,他和维特根斯坦等人创立了逻辑分析哲学。20世纪初,罗素转向逻辑实证主义,提出逻辑原子论,要求从相当于逻辑上原始命题的原始事实出发,以这种事实作为基本元素,由此构造整个世界。罗素认为这种原始事实是主观的感觉经验,而且这些元素之间彼此毫无联系。罗素认为,人所感觉到的是事实或事实的集合体,它既不能被认为是物理的,也不能被认为是心理的,而是中立的。他把这种说法叫作"中立一元论"。

3

我最讨厌"会做人"的说法,也许是因为自己天生情商低吧。作为社会动物,我们受益于社交,也受制于社交,尤其是那些流于表面的社交。拉里·佩奇说过,他有两个职业选择,当教授或者当CEO。这样他就不用考虑世俗的智慧,可以专心致志做浑球儿了。我称之为"结构性浑球儿"。从这一点来说,我在职业上差不多也算选择了一条结构性浑球儿的道路。

浑球儿的基本原则之一是放弃讨好他人。严歌苓说过："我发现一个人在放弃给别人留下好印象的负担之后，原来心里会如此踏实。一个人不必再讨人欢喜，就可以像我此刻这样，停止受累。"所谓讨好型人格，其实是用小恩小惠来逃避真正的责任。

4

浑球儿的基本原则之二是放弃讨好自己。芒格认为："总的来说，嫉妒、怨憎、仇恨和自怜都是灾难性的思想状态。过度自怜可以让人近乎偏执，偏执是最难逆转的东西之一，你们不要陷入自怜的情绪。自怜总是会产生负面影响，它是一种错误的思维方式。"在芒格看来，如果一个人能够避开它，他的优势就远远大于其他人，或者几乎所有人，因为自怜是一种标准的反应。一个人可以通过训练来摆脱它。既不讨好别人，也不讨好自己，那该讨好谁呢？

《原则》一书给出了答案：每当面对是实现自己的目标还是取悦他人（或不让人失望）时，他们都会选择实现自己的目标。

当然，必须是伟大的目标，而且达利欧的理论应该被限制在商界。

5

在本书的体系里，浑球儿思维扮演着非常重要的角色。回顾认知闭环：在感知环节，你需要敏感；在认知环节，你需要理性；在决策环节，你需要果断；在行动环节，你需要野蛮。

难题来了，敏感和野蛮冲突，理性和果断也有点儿纠结。所以，你我作为平常人，经常是貌似想明白了，却不能下手；看似下手了，又犹犹豫豫。对于马斯克这样的浑球儿呢？这根本不是问题。他和巴菲特、贝佐斯一样，某种意义上他们的性格都是分裂的：在感知的时候，浑球儿们一触即发；在认知的时候，浑球儿们100%理性；在决策的时候，浑球儿们绝不纠结；在行动的时候，浑球儿们十分浑球儿。在各个频道切换时，浑球儿们绝不像我们那样拖泥带水，他们会在自己分裂的性格上自由跳跃。

6

女性在择偶上体现了不顾世俗的大胆和随机性，在某种意义上拯救了不少浑球儿，丰富了人类物种。浑球儿的一个特点就是多样化。我好像一不小心回到了达尔文主义,好在达尔文本人在现实生活中是一个非常不达尔文主义的人。

7

如何成为一个伟大的浑球儿?答案是理智+情感。我在本章给出了具体建议。

8

冥想似乎是浑球儿的一个秘密武器。从 1969 年以来,达利欧几乎每天都会进行冥想,他说这对自己产生了巨大影响。"它能让你获得一种平静、一种中心意识,以及一种安宁,这样你就能以一种更好的方式处理事务,思虑周全,而且不受情感牵绊。"冥想的"作用非常强大",达利欧说,"它让我获得了一种平衡,对我帮助很大"。

9

人的一生其实就是变得越来越浑球儿的一生,这一点不可逆转。关键在于,你在被动成为一个浑球儿的时候,不要被体制化,成为混口饭吃而不问是非、不讲尊严的浑球儿。浑球儿可能是顽童的延续。浑球儿眼中,别人也是浑球儿,如此一来,降低了期望值,少了很多烦心事。然而真正的浑球儿并不会"厚黑"下去。例如,盖茨和乔布斯在年轻的时候都是浑球儿,成年后却能不遗余力地回报社会。这绝非先拿起屠刀,再放下屠刀立地成佛。他们让现实没那么残忍,令世界更加有趣。

所以,你是一个浑球儿吗?

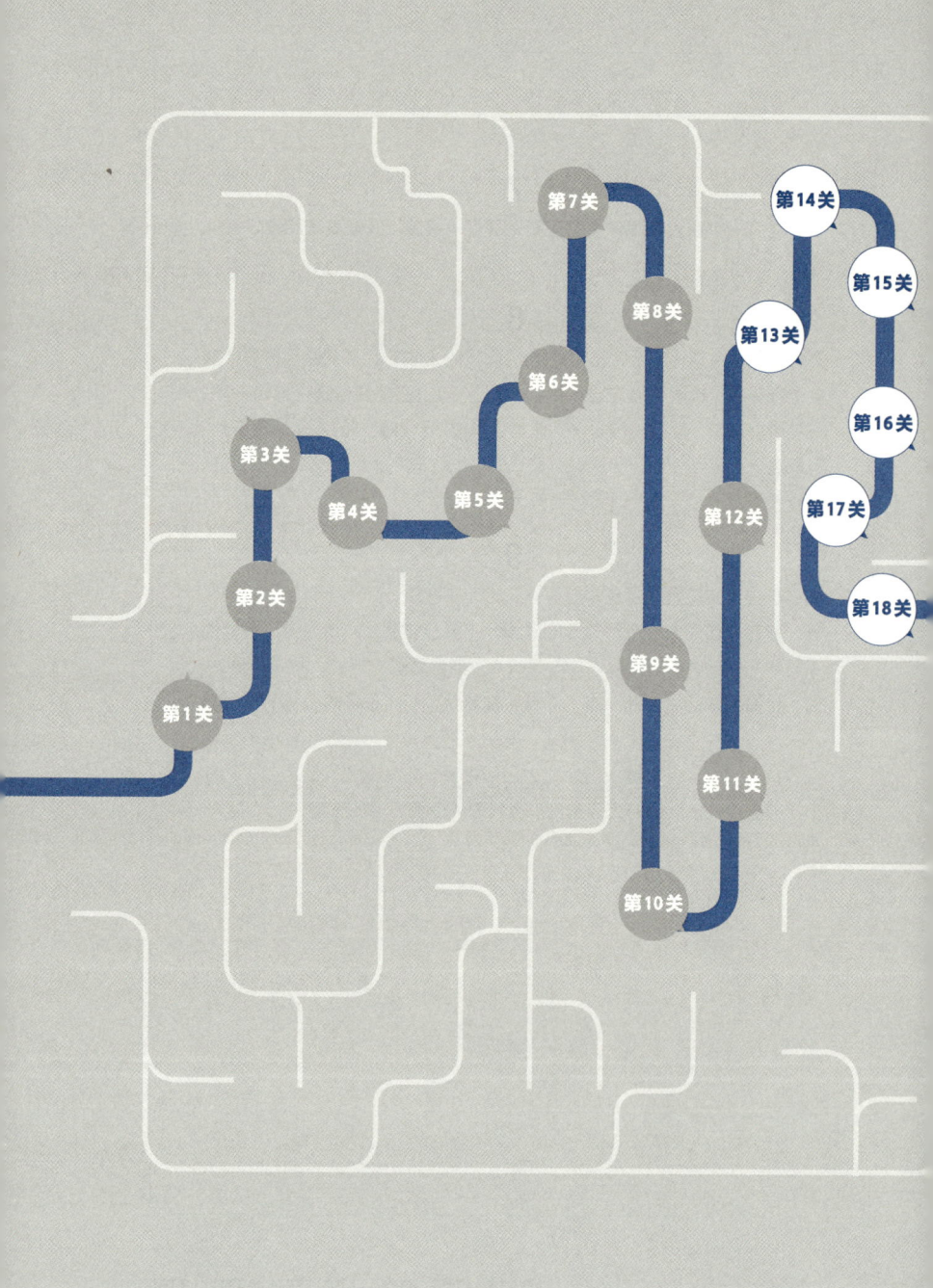

第1关
第2关
第3关
第4关
第5关
第6关
第7关
第8关
第9关
第10关
第11关
第12关
第13关
第14关
第15关
第16关
第17关
第18关

第12关 霉运
在优势区域击球

运气很难被改变，但是运气的运气可以被改变。

运气是和最厉害的拳击手死磕，运气的运气是找游泳冠军打德州扑克。

运气是守株待兔，运气的运气是蓄水养鱼。

我在这一篇里，用量化和可视的方式，解构了泰德·威廉姆斯的秘密。

理解了背后的算法，我们就会对以下策略的力量感到惊讶：

- 挑简单的事儿重复做。
- 把陈词滥调的事情做出新意。

本章，我和你聊的人生难题是霉运。我们总是埋怨自己的运气不够好，对于运气，我们又能做点什么呢？很多时候，我们无法改变运气，但可以改变"运气的运气"。

什么叫运气的运气？我们可以从一道有趣的微软面试题开始理解。

现在给你 200 个球，100 个红球和 100 个蓝球，让你把这 200 个球全部放入两个黑罐。你可以任意放球，比如在一个罐子里放 100 个红球，在另一个罐子里放 100 个蓝球，随便怎么组合都可以。放好后闭着眼睛选一个罐子，再闭着眼睛从这个罐子里摸出一个球，如果取到红球就能赢 100 元，如果取到蓝球则没钱。请问你该如何组合，才能使自己摸到红球的机会最大。

这道题的答案是在一个罐子里面只放一个红球，把其他所有球放进另外一个罐子里。搞懂这道题，你就明白应该如何改变"运气的运气"了。

黑箱

100个红球   100个蓝球

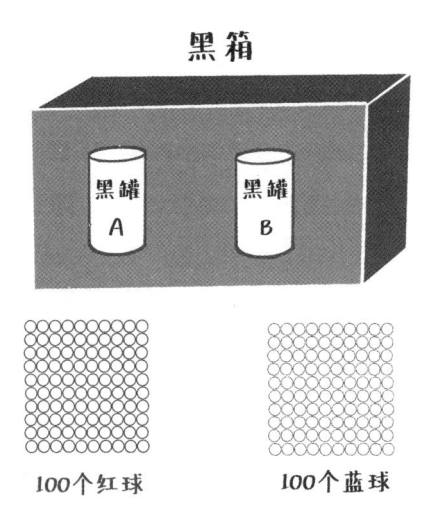

分析一下解题思路：这道题其实有两个不确定性因素：一是你不确定会摸到哪个罐子，每个罐子都有 50% 的概率被选到；二是你不确定会摸到哪个球。你不知道会从罐子里摸出什么球，就好像你不能决定自己的运气。但是你可以决定怎么配置球，就好像你可以决定自己去哪里碰运气。

因此，最好的做法就是让其中一个罐子的机会最大化，全部放红球，并且放一个就够了，将另外 99 个红球放入另一个罐子，让它们和 100 个蓝球 "战斗"。

这样的话，你就可以简单计算出摸到红球的概率。摸到任何一个罐子的概率都是 50%，从其中一个罐子（只放了一个红球的罐子）里摸到红球的概率是 100%，从另一个罐子（放了 99 个红球和 100 个蓝球）摸到红球的概率是 99 除以 199。这时，你赚钱的概率就达到了 74.87%（100%×50% + 99/199×50%），远远高于 50%。

黑箱

A 99个红球 100个蓝球

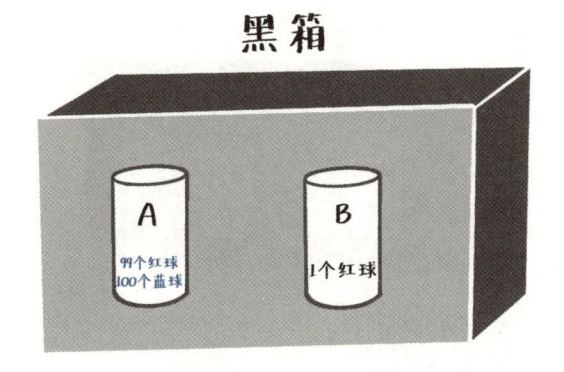

B 1个红球

这就像变了一个魔术：红球和蓝球的数量没有发生任何变化，仅仅通过改变红球和蓝球在两个罐子里的配置比例，就把赚钱的可能性大幅提升了。这就是在无法改变运气的情况下，改变运气的运气的典型例子。

理解基础比率

怎样才能改变运气的运气呢？

这需要你理解基础比率的概念，先来看一个生活中可能出现的例子：小明和小强是高中同学，小明又丑又笨，脾气还臭，小强又帅又聪明，情商特高。两个人高中毕业后去了不同城市的两所大学。两年过后，在一个寒假举办的高中同学聚会上出现了让人惊讶的一幕：小明带回来一个特别漂亮的女朋友，小强却孤身一人。

原来，小明考上了一所外语类大学，班上一共只有三个男生，全校几乎都是女生。小强则去了一所著名的理工类大学，整个系只有五个女生。

可以这样理解，你所在学校女生所占总学生人数的比例就是女生的基础比率。小明的学校女生的基础比率高达 90%，而小强的学校女生的基础比率只有可怜的 5%。因此，自身条件更一般的小明找到漂亮女朋友的概率反而更高。

从校园恋爱的角度来看，小强选错了赛道。芒格有名言："钓鱼的第一条规则是，在有鱼的地方钓鱼。钓鱼的第二条规则是，记住第一条规则。"其实他说的就是这个道理。

你是不是觉得理解基础比率很简单？改变运气的运气，也就是找到基础比率较高的地方。但回到现实生活中，这个道理还是会让大多数人犯晕。举一个经典的例子，一辆出租车在雨夜肇事，现场的一个目击证人说那辆出租车是蓝色的。已知：

（1）这个城市的出租车 85% 是绿色的，15% 是蓝色的；

（2）这个目击证人识别蓝色和绿色出租车的准确率是 80%，有 20% 的可能会看走眼。

请问那辆肇事出租车是蓝色的的概率有多大？

这道题是这么解答的：肇事出租车是绿色的但被看成蓝色的的概率是绿色出租车的比例 85% 乘以看走眼的概率 20%（0.85 × 0.2）。该车是蓝色的且被看成蓝色的的概率是蓝色出租车的比例 15% 乘以认准的概率 80%（0.15 × 0.8），经过计算，该车真的是蓝色的的概率是 41.38%。

公式很简单：

（0.15 × 0.8）/ [（0.85 × 0.2）+（0.15 × 0.8）] = 41.38%

也就是说，虽然目击证人说看到了蓝色出租车，而且他看准的可能性高达80%，但是因为绿色出租车的基数较大，实际上是一辆绿色出租车的可能性更大。所以，肇事出租车更可能是绿色的。

推导概率的过程虽然并不复杂，但和人的直觉还是有点儿冲突。我们可以再看一个更加直观的例子：唐僧师徒走在深山里，遇见一位独自赶路的美女，孙悟空拿出金箍棒就要打，说她是妖怪。唐僧说："住手！这位姑娘一看就是大好人，怎么可能是妖怪？"孙悟空说："在深山老林里，这个时间出门散步的十有八九是妖怪，怎么会是良家妇女？"

我会把这个场景跟出租车的案例类比一下，帮助你理解基础比率。唐僧就相当于那个目击证人，而且看人很准，他认为这位美女是好人，他看准的概率高达80%。孙悟空判断在深山老林里出现妖怪（对应绿色出租车）的概率是85%，出现人（对应蓝色出租车）的概率是15%。

这么算下来，这位美女是妖怪的概率还是更高。我们之所以更倾向于"美女是人""肇事车辆是蓝色的"这样的观点，是因为我们总是忽略基础比率，下意识地根据事件的典型性做出判断。

用配置层把握运气的运气

有了这些数学知识做准备，我们来分析一下运气的运气这个话题。我想跟你探讨的问题是，一个人成为穷人或者富人，到底是注定的，还是靠打拼？天赋与才能对成功到底有多大作用？下面我要讲的例子不是新鲜故事，但可能是第一次被从这个角度解读。

泰德·威廉姆斯是顶尖的棒球手，也是过去 70 年来唯一在单个赛季打出 400 次安打的运动员。他在《击球的科学》这本书中写道："对于一个攻击手来说，最重要的事情就是等待最佳时机。"他的策略和一般的棒球运动员的策略并不一样。

第一步：把击打区划分为 77 个棒球那么大的格子。

第二步：给格子打分。

第三步：只有当球落在"高分格子"时，他才会挥棒。即使可能三振出局，他也坚持这个做法，因为挥棒去打那些落在"最差格子"的球会大大降低他的成功率。

威廉姆斯的秘密在于，他将自己的概率世界分成了两层。别人只有执行层，就是击球，但他在自己的执行层上增加了一个配置层，就是决定是否击球。

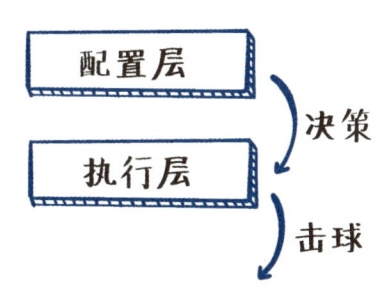

在执行层，无论他多么有天赋，如何苦练，他击球成功的概率在达到一定的数值之后，就会基本稳定下来，再想提升一点点，也要付出巨大的努力，而且他还会不断面临来自新人的挑战。威廉姆斯的这

个配置层,让他多了一个选择,也就是是否挥棒击球。

当球落在基础比率没有优势的区域时,威廉姆斯什么都不做。当球落在基础比率有优势的区域时,他就会全神贯注地挥棒击球。有了配置层,威廉姆斯其实是在用脑子打球,所以战胜了靠直觉打球的球手。

伟大的球员需要具备两种能力:一是强大的运动能力,但能不能击中球还是有运气成分;二是杰出的决策能力,设计自己的运气。事实上,我们并非完全被运气操纵。在很多时候,即便无法改变运气,你也可以改变运气的运气。

巴菲特认为威廉姆斯的击球策略与他的投资哲学——等待最佳时机,等待最划算的生意,一旦它们出现就重拳出击——不谋而合。芒格说过,巴菲特的钱大部分是从 10 个机会里赚来的。芒格还说过,大多数时候我们就拿着现金坐在那里什么事也不做。"我能有今天,靠的是不追逐平庸的机会。"芒格这样说道。

我们需要意识到,只有当机会落在基础比率较高的区域时,它才可能是一个好机会。

总结一下,即使你手中的牌,现在不算太好,你也可以通过资源配置改变运气的运气,像芒格那样,对平庸的机会说"不",通过巧妙配置,令自己的运气最大化。在生活中,我们不仅要专心致志地打好球,还要懂得用大脑计算好运气的算法。

我们很难改变运气,

但能改变

"运气的运气"。

→ 复盘时刻 ←

1

人生难料。日子过得稀里糊涂的我,不知怎么就在网上帮人解答人生难题了。有一天,竟然有人请我回答"婆媳矛盾"这类国家级难题。一位朋友问:"我的妈妈和太太在教育孩子时发生了冲突,该怎么处理?"这类问题倒是有非常明晰的答案,即别让老人家带孩子。那位朋友希望我从技术角度提供一些办法。其实,面对这个难题,他应该采用教练思维,调整场上队员的组合,而非纠结于球员该如何踢球或怎样传球。

2

我们经常说,选择比努力重要。这里的"选择"就是"配置层",相当于教练,负责排兵布阵。这里的"努力"指的是"执行层",相当于球员,负责全力以赴执行任务。

3

本章提到的基础比率,发生在配置层。工作或者投资的结果是配置层和执行层的综合作用。说起来,这虽然是一个很简单的计算,但却是双层的。我们可以想象一下,机会从天上落下,经过两层筛网,掉入我们的碗里。基础概率就是隐藏的、容易被忽视的筛网。

4

我在三层模型里说过,结果 = 资源层 × 配置层 × 执行层。这三者之间还会相互作用。不管是公司的 CEO,还是生活中的个人,要尽量分别从这三个层面思考问题的解决方案。

5

很多人认为乔布斯是科技天才,其实他并不是。不管是在苹果公司,还是在皮克斯公司,乔布斯都只做了三件事:第一,组团队;第二,盯产品;第三,抢资源。

6

我们必须尊重基础比率。有人常说:"我命由我不由天。"这句话符合球员精神。如果你是教练,就要尊重常识。你不能说,只要自己拼命努力,就能扭转婆媳之间的敌对关系。

7

说两个矛盾的故事。一本传记里说,集中营里最容易死去的是乐观的人。为什么呢?他会乐观地觉得自己在圣诞节就可以走出集中营,结果没走出去。之后屡受打击,就是走不出去,于是他崩溃了。我还看到一个真实的故事,也是关于集中营的,一个犹太人活下来的秘密就是天天幻想假如自己出去以后,要到处演讲分享自己的故事。这两者矛盾吗?并不矛盾。我们在配置层要悲观,例如,要清醒地意识到,从集中营出去的基础概率是很低的。我们在执行层必须乐观,否则很难在艰难的环境中生存。

8

再讲讲本章开篇那道题背后的故事。我的业余爱好之一是做题,在小圈子里以快速解出怪题著称。那道题是加拿大的一个朋友问的,我几乎秒答。更让我高兴的是,我正好需要这样的一个题目来描述"三层概率模型"。

9

成功和金钱是一个很好的世俗标尺,但我只是以此吸引你关注底层计算。道理通常是虚无的,而基于计算的思维方式却很实在。你可以拆掉道理,甚至拆掉道理和公式之间的类比关系。比起表面的道理,我希望你认真思考一下本章开篇那道题。只有这样,你才有可能以"第一性原理"进行思考。

第12关:霉运——在优势区域击球

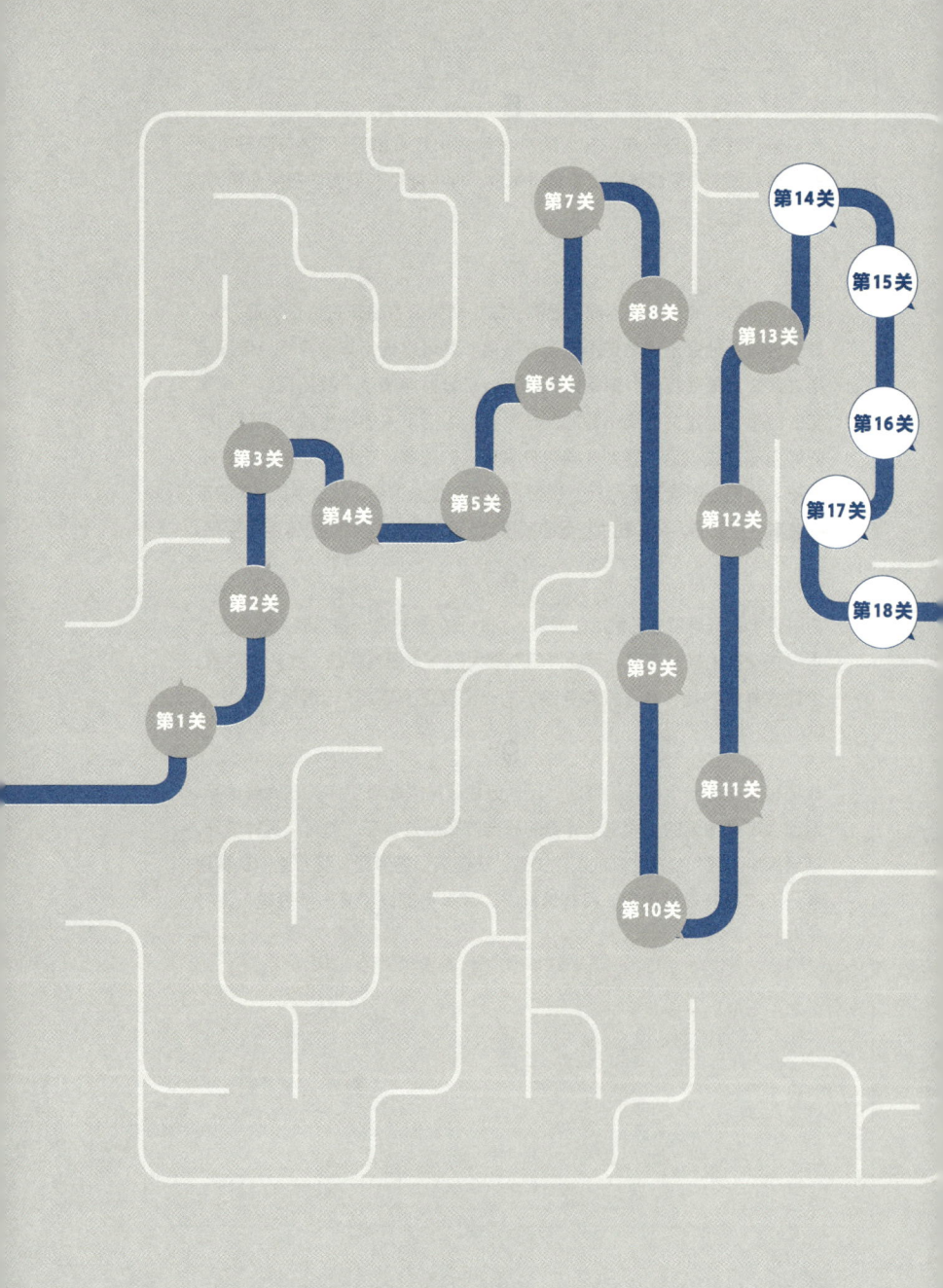

第1关 第2关 第3关 第4关 第5关 第6关 第7关 第8关 第9关 第10关 第11关 第12关 第13关 第14关 第15关 第16关 第17关 第18关

第13关 **孤独**
获得好姻缘的算法

姻缘是奇妙的东西,体现了世界的随机性:即使最理性的人,也可能要靠运气寻找另一半。

另外,姻缘也体现了人类对于随机性的适应,例如,这一关里的"麦克斯韦妖"指出,情侣之间的和谐共处有赖于双方对"信息熵"的调节。

人是社会动物,我们总会感到孤独,需要寻找同伴。本章,我会用姻缘问题来举例,与你探讨孤独——这个人生难题是如何被解决的。

姻缘是指婚姻的缘分,这个词本身就有"概率"的意思。有句耳熟能详的话:"千里姻缘一线牵。"所谓"千里姻缘"可以理解为距离遥远的婚姻缘分,所以出现的概率很低。很多人认为"一线牵"的姻缘是宿命,自己一定要从茫茫人海中找到真命天子或者真命天女。其实,并非如此。

这个世界上真正适合你的人有多少呢?还真有人推算过自己潜在女朋友的数量。英国华威大学数学系讲师皮特·巴克斯在《我为什么没有女朋友》一文中采用"德雷克公式",推算了潜在女朋友的数量,具体方法如下。

第一,住在我附近的女性有多少?假设有 400 万。

第二,多少人年龄适合呢?假设有 20%,那就是 80 万。

第三，多少人是单身呢？假设有一半，还剩 40 万。

第四，多少人有大学文凭？假设有 26%，所以是 104 000 人。

第五，这中间又有多少人有魅力呢？算 5% 吧，有 5200 人。

第六，这些人当中又有多少人认为我有魅力？也算 5%，还有 260 人。

第七，那又有多少人有可能和我合得来？假如是 10%，那就还剩 26 个人。

也就是说，即便你生活在有 400 万人口的大城市，潜在的符合条件的女性一共也只有 26 个，更别说还有可能没机会遇到。

你会不会对爱情感到失望甚至绝望？先别失望，这个推算方式的问题在于，它的条件和估算的概率都非常苛刻。如果完全按照上述假设来想，可能真的很难遇到合适的另一半。那我们应该怎么找到合适的人，解决孤独难题呢？我给你准备了五步心法，每一步解决一个问题。

第一步，如何找人。

第二步，用什么心态去找人。

第三步，如何停止寻找，确认目标。

第四步，如何判断一个人是否适合长期相处。

第五步，如何经营一段长久的关系。

如何找到合适的人

在"如何找人"这一步，你要做的是扩大样本量。

美国有个名校毕业的女生计划快速找到老公，她的做法就是放大

"筛孔",只要有人约她,就不拒绝。她这样做并不是因为花心,而是想从喝一杯咖啡开始,与更多的人接触。后来她发现,那些她过去认为压根儿没有约会可能的对象给自己带来了许多惊喜。没过多久,她就结婚了,对方是一个她以前从未考虑的类型。也就是说,想找到合适的人,一定要从扩大样本量开始尝试跟更多的人接触,适当保持潜在对象的多样性与丰富度。

第二步是"用什么心态去找人"。我教你一个我原创的"三门模型"。请你想象一个带花园的房子,并尝试用它来形容一个人内心的开放程度:最外面的大门是花园的门,然后是房子的大门,最后是卧室的门。有的人花园大门敞开,但你很难进入房子的大门。这就像是在社交场合上遇到的某个人,表面上看,他很热情,但你很难与之深交。有人的花园大门紧闭,房子的大门也不轻易向人敞开,可一旦你穿过外层的两扇门,他恨不得立马把卧室的门也为你敞开。这类人平时很内向,看起来拒人于千里之外,但别人稍微对他真诚点儿,他就恨不得把心掏出来。

把"三门模型"作为一个框架,能帮助你评判、理解身边的人。结合这套模型,我们可以找到"脱单"的正确做法:看好卧室的门,虚掩房子的大门,热情敞开花园的大门。不要见到心动的异性就敞开心扉,同时也不能太封闭,把最外面的花园大门关得死死的。

第三步是"如何停止寻找,确认目标",即什么时候应该停止寻找,把关系定下来。打个比方,当我们遇到一个心动的人时,就像正在掰玉米的猴子,脑海里会有两种声音,十分纠结:一是觉得自己很爱这个玉米,像没吃过糖的孩子一样,哭着喊着要爱到海枯石烂,直到永远；二是不甘心，也许还有更好的。

针对这个问题，有一种"科学"的做法：年轻时多恋爱，不要把遇到的任何人当作人生伴侣，直到你熟悉"恋爱市场"的行情，同时确定了择偶标准。这个阶段过去以后，只要遇到一个达到标准的人，你就应该与之确立关系。

这个阶段的基础比率是多少呢？"最优停止理论"给出了答案——37%。假设你一生可以谈10段恋爱，你应该在拒绝前4个恋人的同时，设定恋人的标准。再往后，只要遇到达标的对象，你就马上与之结婚。

顺着"37%最优停止理论"来说，人们应该在年轻时多恋爱，低成本试错，形成一定的样本基数，对爱情形成基本了解。等到你的心态成熟之后，只要约会对象符合你的标准，就马上与之确立关系，见好就收。

有些乖孩子从小被教育——恋爱就是奔着结婚去的，其实这种教育有些局限，这相当于鼓励年轻人要"和就和一把大的"。在这种思路下确立的婚姻很难应对这个充满不确定性的复杂世界，长久来看，其成功的概率极低。

如何经营长期关系

第四步，如何判断一个人是否适合长期相处。我的心法叫作"口厌感"原理。什么叫口厌感呢？拿可口可乐来说，我们且不讨论它是否健康，而要关注它的一个特点——可口可乐几乎没有什么味觉残留。

你今天喝完一瓶可口可乐，明天再喝也不会觉得腻。可乐的"口厌感"很低，只有这样，你才可能天天喝，它也因此成为高频消费产品。

两个人过日子，那可是"超高频消费"，几乎分分秒秒都在一起。这时，"口厌感"低就比"口感惊艳"重要得多。那些让你惊艳的酒精饮品，或者某种果汁，你在第一次喝的时候觉得非常好，可能会想："我要是天天都能喝，那多好啊。"但是，如果真让你多喝几杯，你就会受不了。

能让你多喝一些的决定性因素，不是好喝的峰值有多高，而是味觉残留的峰值有多低。看一段关系，也是这个道理。

最后我们来讨论第五步——如何经营一段长久的关系，即我们该如何与对方长期相处。

一开始，两个人的关系会特别好，但时间一长，会出现各种各样的问题，两个人的关系会越来越混乱。

这很像物理学的熵增原理。熵是德国物理学家鲁道夫·克劳修斯用来形容分子运动无序状态的一个概念，从有序到无序就是一个不断熵增的过程。

你可能会问："熵增原理在什么情况下有可能失效？这种混乱的状态有没有可能得到控制呢？"

英国物理学家詹姆斯·麦克斯韦做了一个名为麦克斯韦妖的思想实验。他设想了这样一种情况：一个熵增很大的密闭系统中间被一块隔板阻断，隔板上有一个小阀门，麦克斯韦想象有一个小妖把守着阀门，观察两侧分子的运动速度。

当看到右边的高速分子靠近阀门时，它就让高速分子进入左边；

当看到左边低速分子靠近阀门时,它也让低速分子进入右边。假设阀门没有摩擦,经过一段时间之后,左边就会有越来越多的高速分子,也会越变越热;右边会有更多的低速分子,变得越来越冷。于是一只小妖貌似无须做额外的功,就可以降低整个容器的熵。

这个模型挑战了热力学上的熵增原理,因为麦克斯韦妖让空间内原本应该增加的混乱程度降低了。事实真的如此吗?

1929 年,物理学家利奥·西拉德发现,麦克斯韦妖若要控制开关,它虽然不做功,但它必须获得信息,而信息获取本身就需要热量。也就是说,麦克斯韦妖把信息转化成了热量,增加了整个密闭系统的信息熵,总的熵并没有减少,熵增原理依然成立。

在亲密关系里面,你也需要一个能够做信息判断的麦克斯韦妖。

```
          外
          ↑
   外刚   │   外柔
          │
 男 ──── 麦克斯韦妖 ──── 女
          │
   内柔   │   内刚
          │
          ↓
          内
```

第 13 关:孤独——获得好姻缘的算法

换句话说，通过长时间相处，你要能判断对方在某个时间节点的状态，并根据状态进行相应调整。如果对方很坚决，出于稳定，你就要把自己调整得随和一点。如果对方现在很没主见，你就最好把自己调节得坚定一点。如果在一段关系中，双方能自如地进行上述调节，就会形成默契。

因此，我认为双方在一段理想的关系中最好能形成一种"十字锁扣"的结构。也就是说，一个外柔内刚的人遇到一个外刚内柔的人。你强硬的时候，我柔和，你内向的时候，我外向。相互调节，问题总会有解，这样的婚姻也就更长久。

→ 复盘时刻 ←

1

爱真的存在吗?按照理查德·道金斯在《自私的基因》一书里的理论,一切都是"基因为达到生存的目的而不择手段"的结果,人性世界的各种美好丑恶,其实毫无意义,生存完全是一种偶然的结果。就像钱钟书借方鸿渐之口说的:"世间哪有什么爱情,压根儿就是生殖冲动!"

2

那么,爱是"迷因"之一种吗?道金斯又创造了"文化基因"这个概念,他用这个虚拟的复制因子解释文化,以及文化的复制与传播。

3

不妨说,爱是基因与迷因的交织地带。因此,爱意味着理性与感性的交织,动物属性与社会属性的交织。这个世界上最有钱的人说,其实幸福来自你身边有多少人爱你。总之,在对抗虚无和荒诞这方面,爱无可替代。

4

幸福的爱是无法被设计的。因为爱是一种权利,所以,爱既不应该沦为名利的筹码,也不应该被过度神化。你会发现,那些把爱说得十分神圣的人,反而更待价而沽。婚姻的货币化,其实是可悲的。

5

"三门理论"背后的故事。一次聚会,两个朋友互相说对方更风骚。我用这个理论一锤定音,颇有星座学的简洁和玄妙。结果,两人各领其骚。

6

麦克斯韦妖,不只是用于说"爱需要经营"。爱的麦克斯韦妖,在"十字锁扣"的静态结构上,继续发展出动态模型,试问何处还有比这更精妙的情感模型?

7

当然,会飞的鸟并不懂得飞行公式,所以好白菜都被猪拱了,好男人都被傻白甜骗走了。爱的随机性和多元化,虽然看起来不可理喻,其实是有利于人类的,也可以说是有利于基因的。

8

尽管如此,如果懂点儿姻缘算法,那么与"猪"和"傻白甜"竞争时,就能提升获胜的概率。爱情算法的应用,在很多方面和财富算法一致:我们要做的不是追求最好的,而是避免最差的。

9

富兰克林说:"婚前睁大眼,婚后闭只眼。"对于男人来说,这句话不能全信,也不能全不信。对于女人,这是个谜,我也不太懂。

10

总之,对于桃花运,别太任性,那样很幼稚;也别太心机,那样很可怜。

恋爱"三门模型"

打开花园的门,

虚掩房子的门,

看好卧室的门。

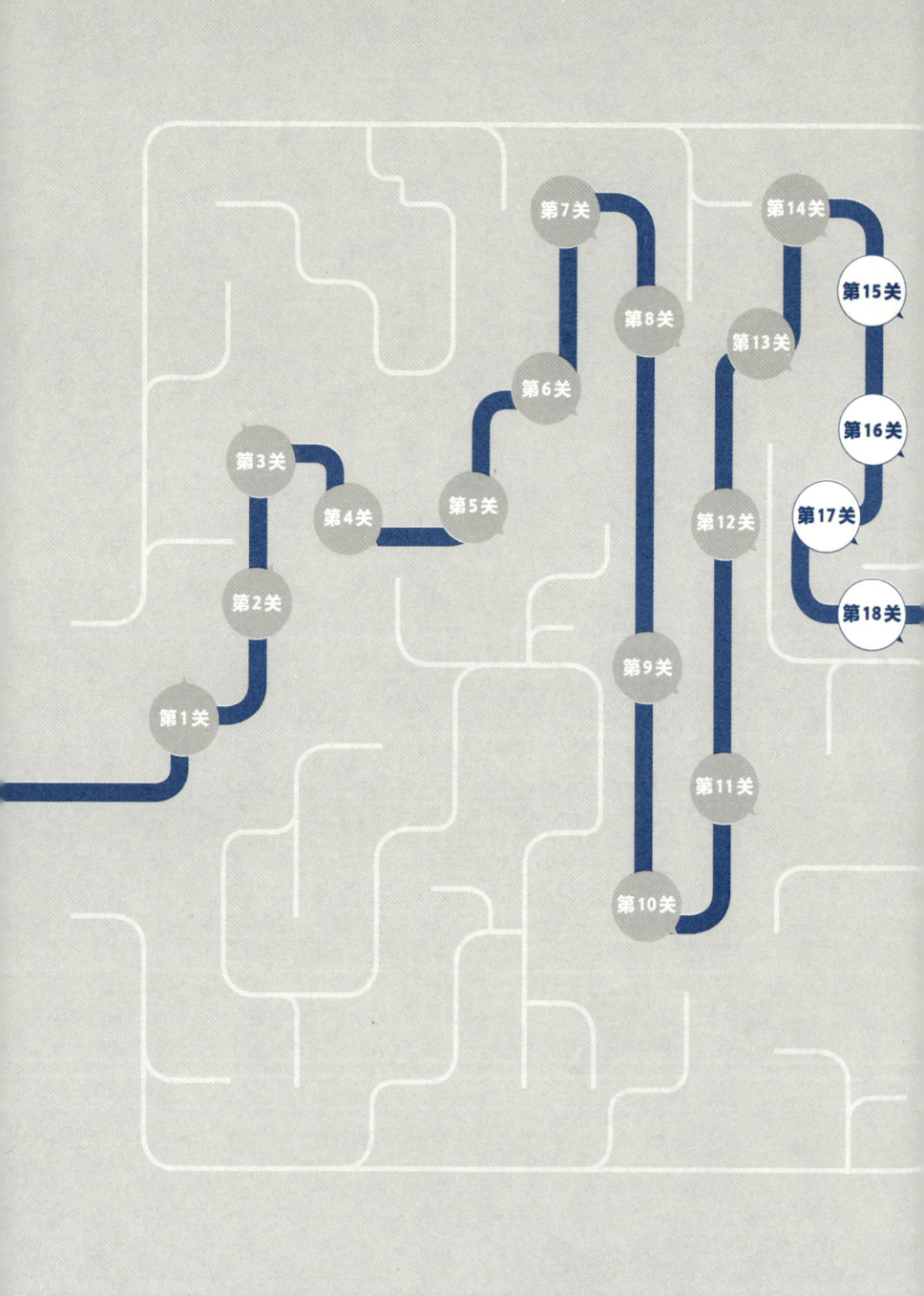

第1关
第2关
第3关
第4关
第5关
第6关
第7关
第8关
第9关
第10关
第11关
第12关
第13关
第14关
第15关
第16关
第17关
第18关

第14关 爆仓
为什么绝顶聪明的人也会破产

在塔勒布的字典里,遍历性是指一群人在同一时间的统计特性(尤其是期望)和一个人在其全部时间的统计特性一致,集合概率接近时间概率。如果没有遍历性,那么观测到的统计特性就不能应用于某个交易策略,如果应用,就会触发"爆仓"风险(系统内存在"吸收壁"或"爆仓点")。换句话说,如果没有遍历性,统计特性(也就是概率,以及对应的"概率权")不可持续。

遍历性和概率权,这两个与概率相关的概念结合在一起,告诉我们在危机时刻应该做的两件事。

第一,别出局:活着比什么都强;要赚钱,你首先得活得长。

第二,别旁观:不要浪费危机;参与其中,但不是简单抄底。

上一章，我们讲了应对孤独的姻缘算法，教你如何找到一个人，建立长久的关系。在某种程度上，有了关系，我们的人生就有了软肋。那就格外需要本章论述的思维模式，防止这根软肋被现实打断。

我们先来玩一个抛硬币的游戏：正面你赢，反面我赢。游戏规则是：你每次必须押上自己的全部筹码，也就是 All in。比如，你的全部筹码是一万元，这里的初始本金就要有一个上限。假如抛硬币的结果是正面，你赢，我就给你两万元。假如是反面，你输，但你只需赔给我一万元。这场赌注有一个特殊规则，即你不仅每次都要押进全部筹码，而且只要你有钱，就不能停止这个游戏。

乍一听，也许你会觉得，哪里会有这种好事？根据概率计算期望值，你赢的可能性是 50%，输的可能性也是 50%，算下来每一局的期望值是 5 000 元（20 000 元 × 50% - 10 000 元 × 50%）。从概率的角度看，这是一场你非常有概率优势的游戏。

但是冷静下来一想，这个游戏不能停，不管你赢多少回，理论上，只要我有足够多的钱应付你可能的连胜，这个游戏的结果必然是你的本金归零。

你或许认为："这个游戏机制不合理，我为什么要 All in 呢？"但在现实生活中，这样的问题总在我们身边反复发生。我们看到很多人做投资 All in，做生意 All in，即便在感情中也是如此。只要尝到 All in 的甜头，就会变得一发而不可收拾——会一直追求利益最大化，想占尽好处，甚至加大杠杆、借债进行投资。

在这种情况下，只要"爆"一次，你就会彻底爆仓。即使你一直在做大概率会成功的事，如果总是 All in，早晚有一天你会失败。这个庄家就是现实世界，你很有可能就是 All in 的赌徒。

既然如此，我认为"防爆思维"应该排在所有财富思维的第一位，每个厉害的投资人都有自己赚钱的法则，不过那些法则都是排在第二位、第三位的。因为只有不爆仓，你才有继续玩下去的本钱。最厉害的聪明人如果不牢记这一条，也可能随时出局。

为什么长期资本管理公司会爆仓

我要给你讲的这个故事的主角是美国长期资本管理公司（LTCM），这家公司的掌门人约翰·梅里韦瑟被誉为华尔街债券套利之父。不仅如此，公司团队还包括两位诺贝尔经济学奖得主、美国财政部前副部长及美联储前副主席、所罗门兄弟债券交易部主管等。牛人不胜枚举，可谓一支梦幻团队。

1994年，LTCM成立之初就募集了12.5亿美元。其开始几年的投资回报率分别是28.5%、42.8%、40.8%、17%，这可是相当辉煌的成绩。

这家公司赚钱的秘诀究竟是什么呢？这些绝顶聪明的人把金融数据、计算机和数学模型结合在一起，进行"市场中性套利"。也就是，买入被低估的有价证券，卖出被高估的有价证券。用他们的话说，基金的每一笔交易赚的都是很小的差价，就好像用吸尘器在别人看不到的角落里吸硬币。当交易达到一定的数量时，累计收益就大了，而且风险波动极小。LTCM宁愿赚风险极低的一美分，也不愿赌充满不确定性的一美元。毕竟都是老江湖，他们的风险意识相当强。

他们赚大钱的秘密在于：别看一枚硬币不值钱，加上杠杆就能放大几千倍。经历过股灾的人都知道杠杆的风险极高，但LTCM团队里的诺奖得主可不是吃素的：他们坦言基金也有风险，并详细计算了发生亏损的概率，但亏损的概率不高。总之，一切尽在掌握之中，除非出现百年一遇的极小概率事件。

然而，即便这套看似靠谱的模型受到这么多聪明人看护，极小概率的风险还是发生了。1998年8月，俄罗斯爆发债务危机，市场剧烈波动，LTCM因此爆仓，公司没过多久就到了破产边缘。

这么庞大的基金，为什么说垮就垮了呢？著名投资人爱德华·索普在他的传记里对LTCM的案例进行了复盘。

LTCM的投资者的年回报率在30%到40%，但这基于巨大的杠杆效应，据说这些杠杆率经常在300%到10 000%。LTCM要想在市场上有竞争力的话，就必须要加大杠杆。如果不这么做，回报率连1%都不到。

因为杠杆巨大,所以它的多头和空头金额达到数千亿美元,仓位极重,也就是把太多的钱放入市场。当遇上百年一遇的风险时,杠杆效应反过来也放大了冲击力,几乎将公司资金平仓,它在数周内损失 90% 的资金,差不多彻底破产。由于它的资金体量"大到不能倒",美联储发起了救援行动。在清算后,投资者只收回了小部分本金。

开始那几年它的表现那么好,怎么一夜之间就不行了?问题出在哪儿呢?巴菲特一语道破真相:"我们来打个比方,假设给你一把枪,里面能装 1 000 发子弹,但只有一发是致命的。把枪对准你的太阳穴,扣一下扳机,你想要多少钱? 1 000 万、一亿、10 亿?"给多少钱都不能干。这个时候,就不能算概率和期望值了。万一碰到那颗足以致命的子弹,多少钱都是白扯。

LTCM 玩儿的其实就是这种游戏。因为它用了非常大的杠杆,虽然计算周密,但其实是在拿命赌博。万分之一是极小的概率,可一旦发生,就会致命。LTCM 的梦幻团队里的大多数聪明人因为过于自信,几乎把整个身家投入基金,结果差不多赔光了。

巴菲特对这件事感到不可思议,他说:"为了得到对自己不重要的东西,甘愿拿对自己不能失去的东西去冒险,哪儿能这么干?"

索罗斯的生存法则

投资大师索罗斯从父亲那里学到了三条生存法则:
第一,冒险不算什么;
第二,在冒险的时候,不要拿全部家当下注;

第三，做好及时撤退的准备。

1987年，索罗斯判断日本股市即将崩溃，而美国股市可能继续上涨，于是他一边在东京做空，一边在纽约做多。结果他两边全押错了，美股一天下跌22.6%，日本股市因为政府撑住市场，反而没跌。两头溃败的索罗斯毫不犹豫地斩仓，全线撤退。虽然赔光了全年的利润，但他保住了本儿。5年后，也就是1992年，索罗斯大举冲击英镑，一下子赚了20亿美元。

只要能保本儿，你就有机会再赢。但是如果你爆掉了，想杀回来，会相当艰难。投资最大的秘诀就是活下来，不是胜者为王，而是"剩者为王"。这个世界上最聪明的人会告诉你，与其追逐获取财富，不如采用逆向思考，力求做到"不爆掉"，这么做难度更小，实现财富和幸福的确定性更高。因此，我认为防爆思维应排在财富思维的第一位。不管多么大的诱惑摆在你面前，你都要想一下，爆掉的可能性有多大。

年轻人应该赌吗

对于每个个体而言，具体应该怎么做呢？

永远不要追求一夜暴富。面对赚钱的机会，永远问自己两个问题："天上为什么会掉馅饼？馅饼为什么会砸在我的头上？"

防爆思维不仅能运用于资产方面，还有很多运用维度：你要让自己健康，避免让身体爆掉，那就不要吸烟、酗酒，记得系安全带；你要让自己清醒，避免让精神世界爆掉，就要保持自己的判断力，不盲从盲信；除了控制自己，你还要避免被其他"危险分子"炸到，远离那些习惯 All in 的人，不管他看起来多聪明。

讲了这么多，你可能内心还有点儿疑惑，难道年轻人不该搏一下吗？没错，华尔街那帮"坏蛋"为了多赚一点儿，而亏掉自己几亿美元的本钱，的确很蠢。但是如果我的口袋里本来就没什么钱，不搏一下，又怎么有机会呢？

我认为还是不应该那样做。搏击和博彩是两回事，拼搏和搏命也是两回事。

年轻人尤其不应该赌，原因有以下4个。

第一，你并不是一无所有，你的时间、机会、创新活力，其实都是让人羡慕的本钱。关键在于"正期望值"，也就是你对自己的未来充满信心。

第二，你要知道，所有的伟大都源于一个微不足道的开始。哪怕你现在的钱很少，但它们也是未来财务自由的种子。

第三，赌会上瘾，如果总是输，连自暴自弃也会上瘾。行为习惯会融入血液，最终铸成命运。到那一天，你就真的成了"职业韭菜"。

第四，别陷入"稀缺"的泥潭。穷人思维因为稀缺而显得短视。前面提及，穷人思维会让你打折甩卖自己的概率权和时间权。

总结一下，我们经常看到一些文章说："要想成功，必须 All in。"但是切记，All in 的应该是一个人的激情、专注、专业，而非自己的全部资产，或者汽车和房子。这就是关于财富的第一准则——防止爆掉。

→ 复盘时刻 ←

1

我们可能忽略了一个事实，我们这一代人正在经历人类历史上十分罕见、已长达 40 年的经济高速增长。

2

我们会漠视惊人的超级运气，而放大成功者的无所不能。在过去这些年，的确是胆子大的人通吃，欲望和冒险没有上限，屡屡得手。

3

进而，成王败寇的文化聚焦于有偏差的幸存者，全民都以商界英雄为偶像。偶像倒下了，就找一个新的偶像。

4

40 年的好运气，让我们这一代人几乎没遇到像样的经济危机，也没有经历一个完整的经济周期。

5

概括而言，我们的父辈从来不懂什么叫赚钱，我们这一代完全不懂什么叫亏钱。于是，我们的基因里压根儿就没有风险这个词，对财富也只是一知半解，不像犹太人那样经历了很多世代的洗礼和传承。

6

开篇的抛硬币游戏，看起来荒唐，但你想想近两年来那些越来越多的爆仓案例，它们几乎和抛硬币如出一辙。

7

这是我喜欢用可计算的概率游戏隐喻人生难题的原因，既生动，又精确。

8

控制风险,不仅要懂得凯利公式,还要摒弃全民暴富心理。比智商税更狠的是发财税,职业"韭菜们"交的就是"发财梦税"。

9

出人头地仍然会是未来我们的主要价值取向,但我们必须意识到,发财越来越难了。客观面对这一点,有利于我们用更现实的方式积累财富。

10

远离烂人,别想着捡便宜,不要追求一夜暴富。你没有义务非要当马云。

- 第1关
- 第2关
- 第3关
- 第4关
- 第5关
- 第6关
- 第7关
- 第8关
- 第9关
- 第10关
- 第11关
- 第12关
- 第13关
- 第14关
- 第15关
- 第16关
- 第17关
- 第18关

第15关 迷信
科学不过是阶段性正确

科学和迷信的分界点是,科学愿意承认"我错了"。

科学综合了貌似对立的"怀疑"和"追求"。拥有科学精神的人,怀疑现在的答案只是暂时正确的,勇于追寻新的答案,还允许别人推翻自己的新答案。

我们都知道"迷信"是一个贬义词,但大多数人平日里还是会聊一点儿星座、风水、命数。这也无可厚非,因为归根结底,人类的大脑喜欢迷信。诸如五行、风水,给人提供的最大价值其实就是一套自圆其说的解释。

人太讨厌不确定性了,所以只要有一套确定性的解释,就能重拾自信,走出对未知的恐惧。这时,也顾不上这套说辞是否正确、因果关系是否成立、论证过程是否科学了。

我发现,即便是受过良好教育的人,也特别容易陷入迷信,以下三类人尤其突出。

第一,每天都要跟数字打交道的人,并且他们所在领域的数据又非常不充分,比如博彩和证券行业。

第二,竞技者,他们要面对高度不可预测的竞争环境,所以球员和棋手中很多人都有点儿迷信(比如穿特定颜色的衣服参加比赛)。

第三,做生意的人和管理者,他们对生活的控制欲比一般人要强,面对不确定性，他们的忍耐力反而更低，也更容易陷入迷信。比如中国很多经商的人相信风水，他们会借助一套信念系统保持一切尽在掌握的感觉，让自己和身边的人充满信心。

其实，这些迷信行为，不仅毫无益处，还会让人们无法理性、科学地解决问题。那么，我们该如何避免掉进迷信的陷阱呢？我给你的应对方法是，真正理解科学思维，并且把它应用到生活中。

科学思维

哲学家卡尔·波普尔认为世界上只有两类理论：一类是已被证伪的理论，也就是经过检验，并以适当的方法予以驳斥，已知为错误的理论；一类是现在还没被证伪，但将来有可能被证明是错误的理论。这两点也引出了对科学精神的两个关键理解：第一，科学的可证伪性；第二，科学的阶段性正确。

关于可证伪性，波普尔认为它是科学不可缺少的特征，凡是不可能被经验证伪的命题，例如，迷信、占星术等，都属于非科学领域。我们可以通过一道有趣的题目进一步理解可证伪性。

桌上放着 4 张卡片，分别写着 "1" "2" "3" "4" 这 4 个阿拉伯数字。卡片后面也有数字，但是现在看不见。现在有人说："写着 '1' 的卡片背面都写着 '2'。"请问：你最少要把几张卡片翻开，才能验证这个说法是否准确呢？

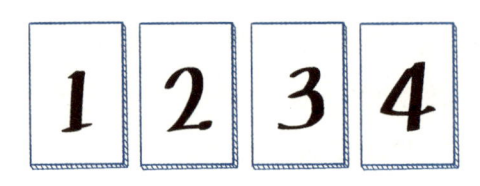

答案是，最少三张。

你可能会问：“为什么是三张呢？翻开写着'1'的那张卡片看看不就行了吗？"

首先，你要翻开"1"并确认其背后是不是"2"。其次，你要翻开"3""4"并确认它们背后不是"1"。如果它们背后也是"1"，那么"1"的背后就不都是"2"了，也有其他数字。只有当这三张牌都符合要求时，这个说法才成立。

至于"2"就不用翻了，因为"2"背后如果是"1"，那这个说法就成立；如果不是"1"，也不影响这个说法的准确性。

如果采用正向思维，这道题是很难得出正确答案的。我知道了"1"后面写了"2"，并不代表其他卡片后面没有"1"，只要"3"或者"4"后面有"1"，这句话就不成立了。但如果反过来，从证伪的角度想，你要考虑写着"3"和"4"的这两张卡片有没有可能让这句话变成错。如果把所有可能是错的的情况都验证之后，还不能证明这个说法是错的，那我们才可以暂时认定它是正确的。

阶段正确

为什么是暂时正确？这引出了我们对科学精神的第二个关键理

解。科学家认为，真理不过是"在某个阶段正确"而已。

在牛顿物理学时代，人们普遍认为世界具有确定性，可以被数学方程式精确计算。只要知道某个物理世界的初始数值，我们就可以算出之后发生的一切。宇宙中不存在不确定性，一切皆可预知。因此，有人把牛顿时代的宇宙观称为"钟表宇宙"，即宇宙是像钟表那样精确运行的。

到19世纪末，这个"上发条的宇宙"就被数学家亨利·庞加莱敲开了一条裂缝。他发现太阳、地球和月亮这三个天体的运动就不可精确求解；对于混沌系统来说，但凡一个物体的初始位置有微小的变动，之后的状态就可能产生巨大的差异。继而人类在看得见的问题中发现了不可被计算、被预测的问题。

进入20世纪，量子机制取代了牛顿的物质观，人类发现了原子和分子层面的不确定性。尽管这个发现很难被直观体验，但认知的变化仍然深刻地改变了我们的现实世界。

人类眼中的宇宙开始变得不确定起来，充满了随机性和偶然性。牛顿时代那个稳定的"钟表宇宙"被证明只是在"某个阶段正确"而已。这是不是意味着物理学这门极精确的学科已经退化成"只能计算事件的概率，而不能精确地预言究竟将要发生什么"了呢？

物理学家理查德·费曼说："是的！这是一个退却！但事情本身就是这样的，自然界允许我们计算的只是概率，不过科学并没有就此垮台。"诺贝尔物理学奖获得者沃纳·海森堡同样表示："物理学并不描述自然，它只是反映我们对自然的认知。"

这句话其实是想说，人类对世界的认知和真相并不是一回事。现有的知识只是人类对世界的认知，它永远是存在局限的，是暂时的。大多数时候，我们要和未知的不确定性共存。在这种情况下，科学思维其实就是我们认识世界的一种底层方式。

两大突破

科学思维在今天有什么特殊价值呢？

现在懂得运用科学思维的人其实享受了这个时代最大的一个红利。放在过去，抱持科学精神，运用科学思维做实验、试错，可能太慢了，也太笨了。但在今天，信息时代建立了快速的试错机制，我们可以通过各种各样的方法，从真实世界快速获得反馈。这实际上会带来两个巨大的突破。

其一，人类或人工智能探索新知识的速度加快了。在科学思维的指导下，一个新生事物的诞生过程是产生假设、验证、放弃或完善。科学家可能需要花费毕生精力，提出或验证几百个假设，但机器学习系统却能在一秒钟内做完这些计算。可以说，前沿领域的科学发现实现了自动化。《终极算法》一书形象地指出："机器学习是'打了类固醇'的科学方法。"随着人工智能转移至材料科学、生物科学这些领域，这种"打激素"的科学方法极有可能带来巨大的突破。

其二，人类把知识应用于实践的速度大大加快了。可以发现，正在崛起的新一代富豪，很多人都是"既懂商业，又懂科学"，他们能以最快的速度把知识转化成现实世界的价值。

在某种意义上，硅谷的胜利就是"商业+科学精神"的胜利。硅谷不仅拥有大量应用于商业的前沿技术，硅谷人更是把科学精神应用到日常工作中。硅谷人的两个特点就是大胆试错和快速迭代。

大胆试错是从科学思维的可证伪性出发，不断验证错的情况。快速迭代则是意识到科学思维中的"阶段性正确"，只有快速迭代自身，才能跟上世界变化的步伐。

很多硅谷科技公司的崛起，也是科学企业家，或者企业科学家的崛起。用科学思维经营和管理企业的人比以往任何一个年代的人都要强大。

科学思维的应用让硅谷的公司快速成长，也让硅谷模式在世界范围内被学习。硅谷的科学精神给全世界的商业管理贡献了新思路。

对于每个普通人来说，最重要的是追求科学精神，学习科学方法，拥有科学思维，这些在我们的血液里是稀缺的。

费曼说过："科学家是探险者，而哲学家是观光客。"我们先不说这位科学顽童对哲学家的调侃。但是，我们在学习知识时，的确应努力做一名探险者，勇敢地投身其中，大胆假设，积极验证，主动证伪，而不是流于表面，满足于概念，只当一个知识的观光客。

→ 复盘时刻 ←

1

这个时代的商界赢家,越来越多是"科学企业家"。

2

"人生算法"的主线之一,就是科学思维:上半场的个人精益创业战略是科学试验的方法;下半场的概率思维是量子时代的科学思维。

3

我一直强调个人认知的提升是切割钻石,而非知识集邮。所谓切割钻石,就是证伪。

4

科学进步的副产品是允许人们可以用科学来反科学,但我们千万别掉进坑里。

5

在美国,占星师的数量是天文学家的 20 倍。

6

我们可以有信仰，可以有个人的神秘主义体验，但是在物理世界，我们要坚定地站在牛顿和爱因斯坦的公式那一边。

7

别信秘方、秘诀，假如它们真的有效，早就不"秘"了。

8

人生算法讲的是可计算概率的运气，其实是生活化的科学。

9

我们要尊重常识，相信科学，掌握科学思维，远离神秘主义和装神弄鬼。

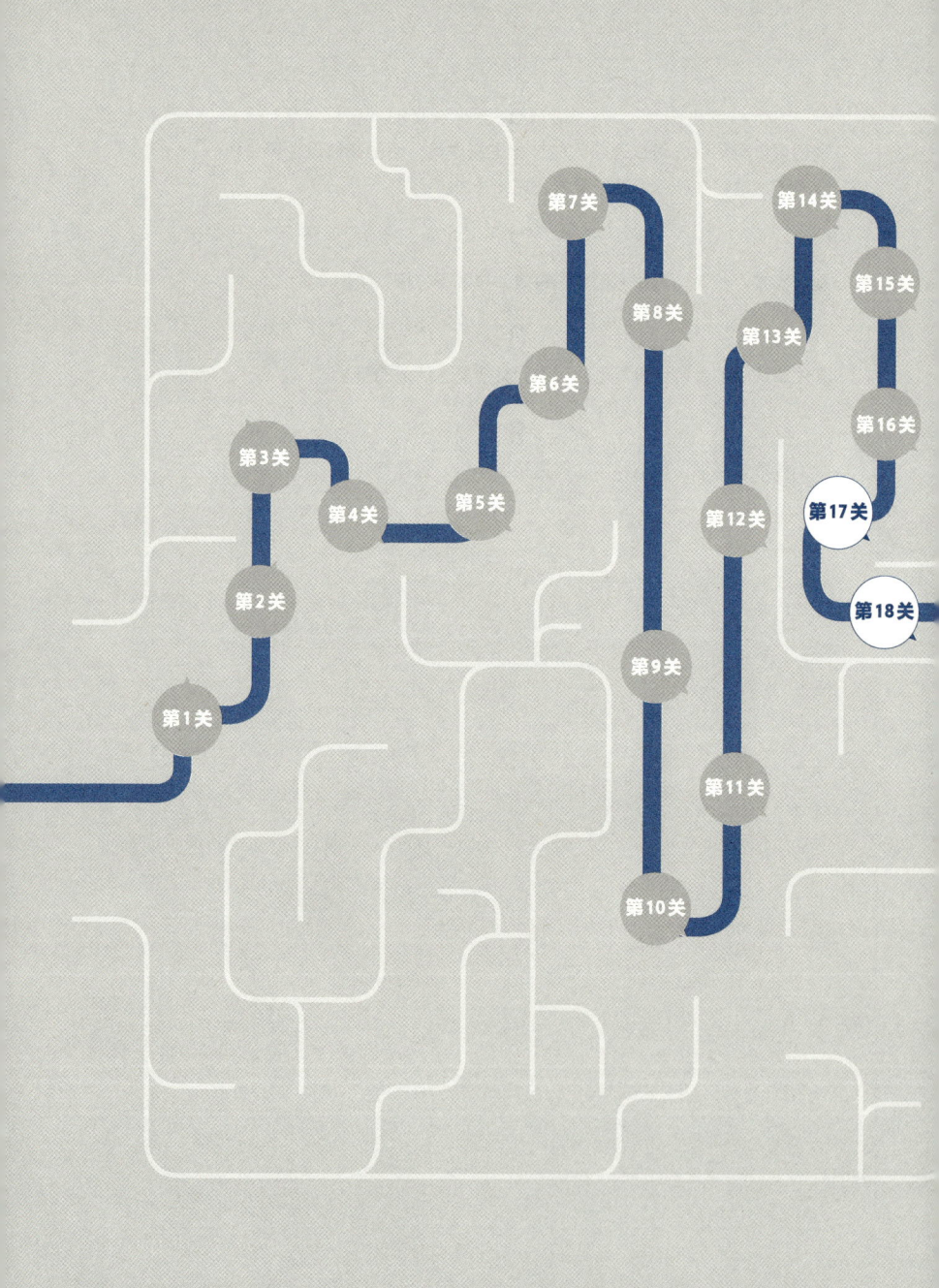

第1关
第2关
第3关
第4关
第5关
第6关
第7关
第8关
第9关
第10关
第11关
第12关
第13关
第14关
第15关
第16关
第17关
第18关

第16关 无知
心法+算法的双重智慧

"在科学与人文之间,以及所谓的硬科学(例如物理)与人文学科(例如社会学)之间,存在脱节……我一直以来对这个脱节的根源感兴趣。"诺贝尔奖获得者杰拉尔德·埃德尔曼在《第二自然》一书中,试图探究人类意识之谜,进而阐释我们如何得以理解世界和理解自己。

他提及,从培根和笛卡儿直到现代,存在一条思想主线,试图建立科学、自然和人文的统一思想体系。

我在本章是从世俗的层面探究算法和心法之间的边界与关联。这个话题的最佳利益点应该落在教育上。科技与人文的割裂,既阻碍了科技,又抑制了人文。我们迫切需要反功利的通识教育。

我们在上一章聊了聊科学思维。它是一种严谨的思维方式，是人类探索未知世界的方法，让人类的知识之树开花结果。但这个世界上还有大量尚未被科学祛魅、人类尚且无解的问题，应该如何看待这些未解之谜呢？

在本章我们要讨论人类在探索未知世界时的另一种思维方式——人文思维。如果说科学的成果为人类生活带来了巨大改变，解决了物质生活问题，那么人文则为社会秩序打下了基础，并满足了精神生活需求。科学思维和人文思维是我们探索未知世界的两个轮子。

我们知道人文与科学素来密不可分：艺术带给科学想象力，哲学又带给科学思辨力；在很多时候，科学的变革离不开观念的变革，这些都是人文带给科学的养分。

然而，我们的教育体系还是习惯于区分文科、理科。从历史的角度看，"文"与"理"在中国常常呈现一种相互较劲的状态：从过去的

"重文轻理"到追求"学好数理化,走遍天下都不怕";如今,理科生和文科生"水火难容",两个学科也呈现一种此消彼长的关系。

科学以及教育体系里的理科解决的是可计算的问题,我们姑且概括地称之为"算法"。人文以及教育体系里的文科解决的是不可计算的问题,我们也姑且概括地称之为"心法"。要我说,现实世界中真正厉害的人,都是兼顾算法和心法的"混合算法"高手。

混合算法的威力

我想先考考你,你知道扎克伯格的专业是什么吗?

人们都知道扎克伯格是哈佛大学计算机专业的辍学生,事实上,他同时修习了心理学。美联储前任主席艾伦·格林斯潘曾经说过:"所谓新经济就是心理学。"接受过心理学训练的扎克伯格就像掌握了互联网的心法,这让他的事业如虎添翼。

特斯拉 CEO 埃隆·马斯克本科毕业于宾夕法尼亚大学,取得了经济学和物理学双学位。

人们都觉得乔布斯是一位人文大师,但却忘记了他小时候是一个无线电爱好者。他曾经给惠普的创始人打电话,向其索要电子元件。苹果公司之所以能站在科技和人文的交叉路口,一定程度上是因为少年时代的乔布斯就已经这么做了。

厉害的人物是这样,厉害的公司也是如此。这些年来,很多大公司都开始认真谈论愿景和文化。马云读本科时的专业是外语。他创立的商业帝国阿里巴巴一直强调价值观,也就是"心法";之后又猛攻技术，形成"算法"优势。相反，很多公司原本在技术上遥遥领先，称得上是"算法"驱动，却因为缺乏"心法"，在企业文化方面败下阵来，结果越来越落后。

不管是对个人，还是对公司而言，算法与心法缺一不可。如果我们探索科学和人文的源头，探讨算法与心法的关系，会发现一个秘密——它们的底层是相通的。曾荣获诺贝尔奖的生物学家埃德尔曼说："科学是由可验证的真理支撑的想象。当然，它的终极力量在于理解，并且正如我们看到的，它在技术上的成就让人震惊。但是科学想象力的大脑源头，与诗、音乐或伦理体系的建立所必需的没有区别。因此，在科学和人文之间的背离是没有必要的。"

猛龙队的逆袭

高手既擅长算法，又精通心法。更重要的是，他们能够混合使用算法和心法，但又不会将二者混淆。我们来看一个在现实中运用算法和心法获胜的例子。

2019年6月，猛龙队拿下NBA总决赛冠军。说起来有点儿奇怪，这支球队不在美国，而是在加拿大的多伦多，1995年才成立。而且加拿大的国球是冰球，篮球基础远不如美国。在"先天不足"的情况下，猛龙队是如何战胜强手，夺得NBA总冠军的呢？它获胜的锦囊妙计就是"算法＋心法"。

我要向你介绍一个关键人物，他叫马赛·乌杰里。2013年，他与多伦多猛龙队签订了一份为期5年，薪酬高达1 500万美元的合同，并被任命为球队总经理。乌杰里先从"心法"入手,提出"We the North"的口号。有人把这句话译为"北境同心",非常鼓舞人心。

为了让这个口号凝聚更多的加拿大球迷,猛龙队找到了加拿大出身的美国饶舌天王德雷克录制饶舌歌曲"We the North"。德雷克身穿印有"We the North"字样的T恤坐在球场边观赛,带来了不少球迷。

原先,猛龙队作为唯一来自美国境外的NBA球队,在地域上充满了劣势。而"We the North"这个口号出奇制胜,激发了球迷对所在地的认同,完全扭转了猛龙队的形象。不到三年,"We the North"不仅成为北美体育公认最成功的口号之一,而且也成为流行文化符号与体育结合的典范。

有了"心法",得到了球迷的支持,但这还远远不够,猛龙队还需要实打实的"算法",也就是篮球领域的专业较量。

乌杰里建立起了以凯尔·洛瑞和德玛尔·德罗赞两个后卫为中心的猛龙队,后来又通过一系列调兵遣将,用德罗赞交易换得科怀·伦纳德和丹尼尔·格林,并引进小加索尔,形成了"防守稳固,进攻明确"的优势打法。就这样,在2018—2019赛季,猛龙队以总比分4比2击败金州勇士队,成为NBA历史上首支夺得总冠军的加拿大球队。

可以想象的是,少了心法和算法中的任何一项,猛龙队都很难创造奇迹。

奈飞的心法和算法

无论是经营企业、体育竞技,还是个人成长,运用好算法和心法都是成功的关键。

我们来看一家混合运用心法和算法的流媒体公司——奈飞。它是全球增长最快的公司，以出租电影光盘起家，后来转型做流媒体，直到最近几年才开始生产内容。从这三个阶段来看，它就像三家完全不同的公司，而且不管在哪个领域都做得非常好。2018年，奈飞的市值已经超过1 500亿美元，成为全世界市值最高的媒体公司之一。

这家公司以注重算法著称：奈飞曾花费4年时间，打造精细化的视频编码压缩算法，为用户节省20%的带宽，这既保证了画面质量，又提高了播放流畅度。奈飞还利用算法和大数据预测用户的喜好，在此基础上拍摄了《纸牌屋》等热销剧集，带来了付费用户的高速增长。

当然，让奈飞取得巨大成功的，除了算法，还有心法。

奈飞曾发布一份介绍企业文化的幻灯片文件，累计下载次数超过1 500万，被脸书首席运营官谢丽尔·桑德伯格称为"硅谷最重要的文件"。奈飞前首席人才官帕蒂·麦考德对这份文件做了详细解读，并写就了《奈飞文化手册》这本书。书中，麦考德讨论了奈飞核心的文化准则，"不看同行都在做什么，只关心奈飞的用户未来需要什么"。从中我们可以发现，"奈飞文化"作为公司的秘密武器，其价值绝不亚于算法的贡献。

当下我们正处在一场超级变革的前夕，以AI为代表的算法在突飞猛进的同时，也带来了伦理道德这些人文领域的难题。人们普遍的顾虑是，如果AI在智能方面超越人类并发展出自己的意志，将会带来无法预测的危机。比如在围棋领域，在阿尔法围棋之后，AI以强大的计算能力将围棋领域的"心法"一脚踢了出去，半点儿都不需要了。

人类之前的所谓"围棋灵性"被证明是一个相对低级的黑盒子而已。

现在的 AI 不仅下围棋很厉害，还在其他领域频频攻城略地。比如，在医疗领域，AI 看 X 光片的速度和准确率已经远超医生。在算法大举进军的局势下，人类特有的"心法"在未来还有用武之地吗？

其实，李开复回答过这个问题："有两个工作是人工智能无法取代的，一个是创造力，一个是同情心。因此，机器人无法成为我们的老师、医生或护士。"现在 AI 在智能助理方面还很幼稚，医生治病也远不是只看 X 光片那么简单，更多的问题还需要依靠医生的经验。

展望未来 50 年，人工智能将给人类带来前所未有的颠覆，科学将产生超乎我们想象的力量。这个阶段，我们尤其需要人文的守护。机器的算法和人类的心法将携手令我们的未来更值得期待。

至于在提升个人竞争力的层面，我们必须突破界限，兼顾算法和心法。具体而言，不仅要发展解决"可计算问题"的能力，找到自己可重复的"算法"；还要发展自己解决"不可计算问题"的能力，发展自己的"心法"。当你成为混合算法的高手时，就拥有了理解这个未知世界的双重智慧。

→ 复盘时刻 ←

1

"培养会拉小提琴的爱因斯坦"可以作为某类教育的隐形目标,假如我们打算像日本那样制订一个诺奖计划。

2

爱因斯坦喜欢莫扎特。爱因斯坦思考问题时并不依赖文字,也就是说他先运用想象力,然后用文字将其表述出来。他的想象力是否依赖旋律?我认为是的。

3

但是在"计算极端主义分子"的眼中,所谓信念、思考、动机全可以计算。他们认为有一天 AI 能轻松模仿巴赫和莫扎特。不过我相信那一天,人类会发明另外一种艺术来证明自己的灵性,除非有一天 AI 破解了"自我意识"之谜。

4

"哪有什么爱情,压根儿就是生殖冲动。"这是把人类那些不可计算的行为归为基于生物学的计算。不过,说出这句话的不是某个生物学家,而是文科生钱钟书。这是有趣的地方,不管科学如何进步,大脑始终是一个人文的最终解释者。

5

而在"泛灵论"者看来,万事万物皆有意志。诗人因此而有了灵感,这种灵感反过来也启发了科学家。

6

人文素养是我们教育的短板。我们的文科教育并非人文素养教育。人文素养教育是通识教育的核心。实用主义的教育,放弃通识,其实就是放弃未来。我们需要有一些"吃饱了撑的"的精神,做一些"吃饱了撑的"的事情。

7

我们尤其缺乏那些有专业深度的通才。以人文素养为核心的通识教育,是"T"字形人才的一横。未来有竞争力的人才,必须具备基于专业的跨界能力。

8

有科学,没人文,就是"有知识,没文化";有人文,没科学,就是"有文化,没常识"。

9

进而,社会、家庭、个人的幸福感都依赖人文的滋养。

10

我坚信自己在有生之年会遇到一次科技的指数级飞跃。那时,人们将前所未有地自问:"我是谁?要去哪儿?"

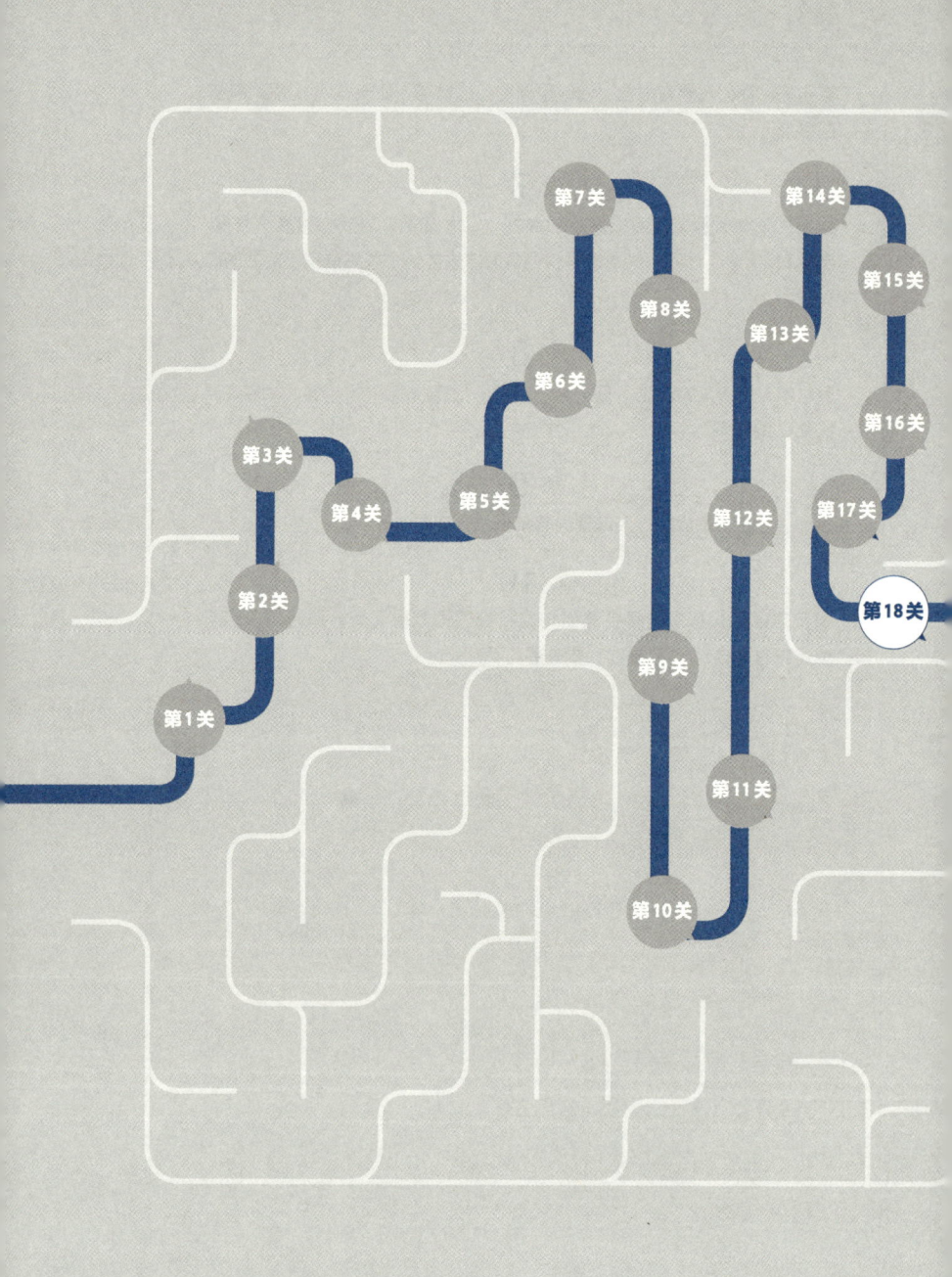

第1关
第2关
第3关
第4关
第5关
第6关
第7关
第8关
第9关
第10关
第11关
第12关
第13关
第14关
第15关
第16关
第17关
第18关

第17关 衰朽
发现时间的算法

时间和因果性的因缘似乎是人类乃至这个世界的出厂设置。你这一刻正在做的事情似乎决定了紧接着将要发生的事情,即所谓"前因决定后果"。这就是时间构建的因果魔力。

但是,在现实中,有多少因果是真实的,有多少是虚构的?

时间仿佛一直致力于剥夺人们占有万物的权利。凡人皆有一死。这种公平性在现实中往往会被我们忽略。

一个人不该以他多强大、多聪明、多富有、多性感、多仁慈而被衡量,而应以他燃烧的充分度被衡量。

一缕烛光也和宇宙深处的星光一样,不该被以亮度评估。火种之间是平等的,这是时间赋予每个人的公平之处。

本章要聊聊人生算法里非常关键的一个变量——时间。我先跟你讲一个时间的魔法，它是电影《惊天魔盗团》中的情节。魔术师让一个人选了一张牌，并在上面签名，然后"嗖"地一下把牌变没了。接下来，惊人的一幕出现了，在众目睽睽之下，魔术师从一棵至少长了几十年的大树的树干里把那张牌挖了出来。牌怎么会长到树里去呢？原来，在18年前，也就是魔术师只有14岁的时候，他就把同一个人签了名的牌藏进了那棵树的树洞里。历经多年，那张牌就长到树里去了。魔术神奇的效果因为时间而形成，也因为时间而震撼人心。

时间的机制

人世间几乎所有的奇迹都和时间有关，时间的重要性不言而喻。但有意思的是，假如你问一个人时间是什么，几乎没人能说清楚。若你再问："时间为什么会自动地朝着一个方向走？"那个人就更答不上来了。时间朝着一个方向走似乎是理所当然的事。

理解时间和我们的人生算法到底有什么关系呢？事实上，对时间的理解会影响我们做决策的那一刻。提出"决定论的二难推理"的哲学家卡尔·波普尔认为，人们容易混淆时间和因果的关系。

常识倾向于认为，每一事件总是由之前的某些事件引起的，所以每个事件是可以解释或预言的。另外，常识又赋予成熟且心智健全的人在两种可能的行为之间自由选择的能力。

波普尔向我们抛出了一个问题："我们手头正在做的事到底能不能改变未来呢？"疑惑的背后昭示着我们对时间的不同理解：两件事先后发生，到底是因为因果联系，还是因为它们恰好呈现了这样的时间顺序？如果两件事不存在因果联系，这一刻你在做的事情还会影响未来吗？

让我们带着这些思考看一看现实世界中时间的底层机制。

时间是线性的，它沿着一个方向流动，被分为过去、现在和未来。

时间是匀速的，再富有的人，他的时间的速度也和你的一样，哪怕他有私人飞机。

时间是"自动驾驶"的，即使你什么也不做，时间也会自动向前走，把你带向未来。

看起来时间的底层机制对每个人都是一样的。然而，对时间的理解深度不同，对时间的使用方法不同，最终决定了人和人之间的巨大差异。

时间是线性的

我们先看第一个机制——时间是线性的。时间沿着一个方向流动，在现在这个点上,线性的时间被划分为过去和未来两段。

时间的这一特性让我想到一则趣闻。19 世纪初,英国有一个航海家约翰·富兰克林,他的大脑和四肢非常迟缓,天生是个"慢人"。富兰克林在年幼时不能参加各类球赛,因为那些运动要求的速度太快了,他完全反应不过来。在外人看来,他有点儿像《疯狂动物城》里的树懒,做事比别人慢很多拍。

成年后,富兰克林成为一名水手,并在一次航行中发现了自己与他人的不同之处:他察觉到灯塔的光束有残影,就像我们看到的一些延迟摄影作品。《思考,快与慢》这本书如此描述道:"由于他的感知觉反应太慢,因此许多序列性发生的事件对他而言是同时发生的。"

然而,正是"凭靠"缓慢,富兰克林成为一名杰出的极地探险队长。当过去、现在、未来如慢镜头一般堆在眼前时,他就能做到缜密周到,抓住别人注意不到的细小的瞬间,形成某种特别的全局观。依靠这种特质,他多次保住了全体船员的性命。

这个世界上有不少厉害的人物发现了时间机制的某个秘密,并且巧妙运用了该机制允许的游戏规则。著名投资人孙正义也读懂了时间的算法,借此他在不同空间套利。孙正义有一套"时间机器"理论——美国、日本、中国这些国家的 IT 行业的发展阶段不同。在日本、中国这些国家的 IT 行业发展还不成熟时,先去比较发达的市场,比如美国开展业务,等时机成熟后再杀回日本和中国市场,就好像坐上了时间机器回到几年前的美国。这时,你仿佛是一个来自未来的人,知道历史的走向,就能更容易地把握先机。

尽管时间是线性地向未来流淌,但是对于厉害的人来说,他们看透了时间的机制,就可以颠倒将来和过去。他们把过去、现在和未来放在一个大系统里面,做全局思考、逆向思考,由此获得超越他人的优势。

时间是匀速的

我们再来看一下时间的第二个底层机制——时间是匀速的。它对每个人来说都是平等的。

每个人每天都有 24 个小时,每一分钟的长度对所有人而言都是一样的。为什么在相同的时间里,有些人可以做更多的事情呢?除了实力和资源上的区别,最大的不同,就是那些厉害的人能够在看起来都一样的时间里挖出更多的宝藏。挖出宝藏的秘密就在于聚焦。

时间有时候像光,当我们极度专注、极度聚焦的时候,它就如同激光一般产生了强大的切割力。

比尔·盖茨的父亲老盖茨有一次让比尔·盖茨和巴菲特各自在纸上写一个词,说说什么是对他们的成功影响最大的因素。这两位曾交替成为世界首富的人各自写完,翻开一看,上面居然写着同一个单词——Focus(专注)。

对于所有的人来说,时间都是稀缺的。要事第一,你应该用 80% 的时间去做 20% 最重要的事情,而不应陷入紧急但并不重要的琐事。

时间是"自动驾驶"的

时间的第三个机制看起来有点儿奇怪,什么叫时间的"自动驾驶"呢?

据说有一次马云和朋友去拜访李嘉诚,马云问李嘉诚:"为什么您可以多元化经营,什么都投,并且都能成功?"

李嘉诚回答:"做生意,要记住,手头上永远要有一样东西是天塌下来你也可以凭借其赚钱的。"李嘉诚发现了时间的一个秘密,也就是无论发生什么变化,只要时间在往前走,你的这个生意就能赚钱。简而言之,你要有一桩和时间一起自动行驶的生意。就像巴菲特所说:"我用屁股比用脑袋赚的钱多。"在某种程度上,比做决策更重要的是守候,守候时间的自动驾驶带来的复利。

通过时间的"自动驾驶"功能,巴菲特的资本、马云的服务器、李嘉诚的基础设施,在他们闭着眼睛的时候也能够大规模地为他们创造价值。

那什么是时间的算法呢?我们不妨通过一个思维框架来理解,这个框架由三部分——过去、现在和未来——组成。

过去是局部无法改变的已知条件,是你已经抓到的牌。由于过去是已经发生的,是清晰罗列出来的已知条件,所以你需要冷静地接受。过去只能作为已知条件,而不能简单地被当作因。拿围棋来说,善于弃子是增强棋力的重要秘诀。敢于弃子的人,本质上也能把存量资源运用得更灵活、更充分。

现在是选择分配点,分配已经抓到的牌。由于决策只存在于现在,所以你需要极度专注,主动选择正确的思维模式,分配过去和现在的资源,理性计算。

未来是从现在这个点去看各种可能性结果的概率。在过去的教训上模拟未来，是人类进化出智能的重要原因。所谓理性的思考方式，就是你的所有决策仅仅对未来负责。

　　理解了过去、现在和未来，我还要提醒你一下，正如作家奥兹所说："我们需要谈论现在与未来，也应该深入谈论过去，但有一个严格条件，即我们始终应提醒自己我们不属于过去，而属于未来。"

　　人生算法的魔力，几乎都是通过时间来实现的。所谓时间的算法，就是专注于现在，将过去串起来，或者放下，通过重新配置和理性计算，用于不可知的未来，然后依靠时间的自动驾驶机制，分秒推进，周而复始。

→ 复盘时刻 ←

1

时间箭头将过去与将来区别开来，使时间有了方向。在霍金看来，至少有三种不同的时间箭头：一是热力学时间箭头，即在这个时间方向上"无序度"或"熵增加"；二是心理学时间箭头，这就是我们感觉时间流逝的方向，在这个方向上我们可以记忆过去而不是未来；三是宇宙学时间箭头，在这个方向上宇宙在膨胀，而不是收缩。

2

假如只能用一分钟解释人生算法，我会用 30 秒解释概率权，用 30 秒解释时间权。空间概率分布，会随着时间叠加起来，极少有人能够理解这一点。

3

正如亚历山大在《空间、时间和神灵》中所说："在哲学中，一切重大问题的解决都依赖对时空是什么，特别是这两者是如何相互联系的问题的解答。"

4

世俗世界的成功者，其秘密几乎也就是两个：概率套利，时间套利。改写一句名言，人们总是高买 5 年后的价值，又往往贱卖 10 年后的价值。

5

时间的先后，有时会给我们造成因果错觉。但前面的未必一定是因，后面的未必一定是果。强行建立某些因果关系的幻觉，会误导我们。

6

反过来，我们也可以借用这种力量。例如，贝佐斯在要求团队提交一个项目方案时，要先准备好如果成功的新闻稿。这就相当于先把"果"设想出来,倒逼团队思考"因",从而穿越不确定的时空。

7

人们喜欢说深谋远虑,但在我看来,这本质上还是"洞察力+算法"的支持。例如,AI下围棋很厉害,考虑得很远,靠的还是计算。没有计算的深度,就没有认知的高度,更没有时间的广度。

8

时间静静流淌,命运不可逆转。这二者对自由意志而言,似乎都是不自由的。时间不可逆,可能是宇宙最奇妙的秩序之一。时间之不可逆流而上,凸显了其他所有可能的逆流而上的价值和意义。

9

生命即燃烧,意识是火种,时间是燃料。

10

万物静默如谜,时间就是谜底。

第1关 第2关 第3关 第4关 第5关 第6关 第7关 第8关 第9关 第10关 第11关 第12关 第13关 第14关 第15关 第16关 第17关 第18关

第18关 贪婪
用半径算法找准人生定位

巴菲特在给小沃森的传记写评价时说:"小托马斯·沃森最近写的一本书名叫《小沃森自传》,书中他引述了他父亲的一段话,'我虽然不是天才,但我在某些地方是聪明的,而且我就待在这些地方'。这就是做投资、做企业的全部内涵。投资不是战无不胜,无所不能,它要求你学会利用自己的领域获得优势,不能一味开疆拓土而不去耕耘。"

然而,能力半径并非一个可操作的方法论,而且在外部环境出现变化时,人必须迎接变化,拓展自己的认知。这也是为什么我提出三个半径。这个模型很有趣,也算精确。

贪婪是我们在通关挑战中面对的最后一道关卡。其实,"贪多"这一表述更加形象:想读更多的书是贪多,想见更多有趣的人是贪多,想尝试更多没做过的事也是贪多。生活有无限的可能性,这本来很好,但人的生命毕竟是有限的。"弱水三千"我们都想要,真正能取的不过是"一瓢"。在这种情况下,我们应该如何做出选择呢?

先来做一道选择题:两个 6 寸的比萨和一个 9 寸的比萨,你怎么选?

这个问题很简单,只要根据公式——$S=\pi r^2$——算一下圆的面积,就知道两个 6 寸的比萨不如一个 9 寸的比萨大。

我之所以提这个问题,是想让你意识到一件有趣的事:从 6 寸到 9 寸,半径只增加了 50%,面积却多出了一倍左右。当你把人生中那些想读的书、想见的人、想做的事视为半径后就会发现:增加一点儿半径很容易,但若要"镜圆璧合"、达成目标,就得付出成倍的努力。

这让我想起物理学家玻尔说过的一句话:"专家就是这样一个人,他在一个非常狭窄的领域内犯过所有可能犯的错误。"这句话的关键点是"非常狭窄的领域"。假如领域太大,你的探索成本就会高得多。所以,若想成为一名专家,首先你必须控制专注领域的大小。

半径算法

在这道选择题的基础上,我想向你介绍一种半径算法。

先在纸上画三个同心圆:最里面的圆对应的是行动半径,中间的圆对应能力半径,最外面的圆则对应认知半径。在此之外都是未知世界。

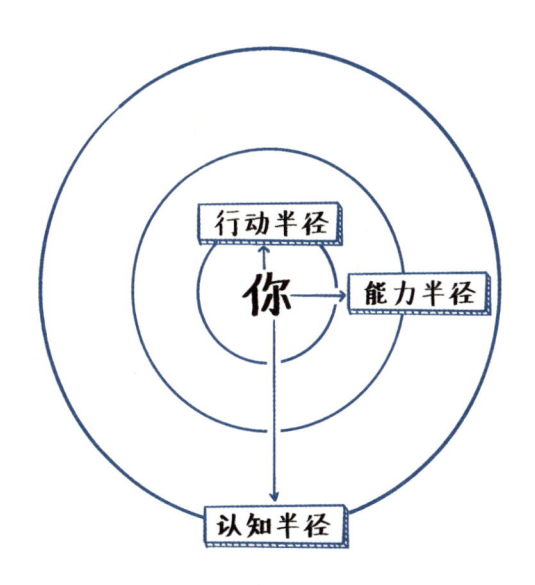

如果要用一句话概括半径算法,那就是扩大认知半径,明确能力半径,缩小行动半径。

第一，扩大认知半径。

这很容易理解，否则人就会视野狭窄，容易被高速迭代的世界抛弃。不管是机构，还是个人，都应该积极拓展自身的认知半径。

第二，明确能力半径。

人们很容易混淆认知半径和能力半径。车和家的创始人李想就分享过这样一个故事。几个年轻人赚了一笔可观的钱，向一位拥有亿万资产的长者请教："有钱后最应该注意的是什么？"长者回答："一年之内不要做任何投资。你们这群家伙，年纪轻轻就有钱了，现在肯定都自大得一塌糊涂，以为自己无所不能。这时，任何投资决定都是在自信过于膨胀的状态下做出的。"

长者认为，即便这几个年轻人能够快速扩展认知，他们的能力也不一定能跟上。中间圆圈对应的能力半径，是能力所及的范围，实际上它是一个能力圈的概念。有两句关于能力圈的表述令我十分难忘："如果能力没有边界，就不是真正的能力"；"能力圈大或者小不重要，关键在于你知道自己的能力圈有多大，然后待在里面"。

正如风险资本家弗雷德·威尔逊所言，"你取胜的唯一途径就是知道自己擅长什么、不擅长什么，并坚持做你擅长的事情。"

第三，缩小行动半径。

美国盖可保险公司就是主动缩小行动半径的典型例子。这家公司成立于1936年，它的商业模式非常特别。首先，不同于一般保险公司广泛的业务定位，盖可只为政府雇员这个特定的群体提供汽车保险。由于政府雇员发生交通事故的概率要低于其他人，保险的赔付率自然就小得多。其次，盖可在营销模式上采取保险单邮寄的直销方式，不依靠代理商。这样就可以节省10%~25%的代理费。而且，因为没有代理商强行推销，盖可收到不合适保单的可能性大大降低。

通过缩小行动半径，盖可得以将客户群控制在合理的范围内，不依靠代理商的营销模式同时规避了旁枝末节的产生。依靠这种独特的经营方式，盖可公司的规模越来越大。

行动半径涉及对规模的理解，通过盖可公司的例子我们可以看到："大规模"本质上不是"强能力"的结果，而是由一个简单动作大量重复带来的。世界上绝大部分具有一定规模的餐饮企业都是快餐企业，主要原因就是菜单上的菜品少，经营方式更容易被复制。

这给我们一个启示：若想把手上的事情做到一定规模，就得主动缩短行动半径，做少而简单的动作，进而在资本、人力、技术、时间、空间、文化甚至梦想层面大面积复制。

如何理解认知世界

我们可以通过上述半径算法，进一步理解每个人的认知世界。

认知圆圈之外是未知世界，也就是"我不知道"。

中间层能力圆圈和最外层认知圆圈之间是"我知道我不知道"。简单来说，很多时候我们扩大认知半径，大概地了解陌生领域，是为了明确自己不懂哪些东西。比如，一个人没学过金融，大致了解一下后就知道自己很难搞懂金融，以后就不会碰它了。

再往里看一层，在最内层行动圆圈和中间层能力圆圈之间是保护层，或者叫"安全边际"。这就像我们要建造一座桥，假如需要让5

吨的车辆通过,那最好让这座桥有 10 吨的承重能力。反过来,在承重能力(能力半径)为 10 吨的时候,就该把 5 吨设置为车辆的重量上限(行动半径)。适当留有"安全边际",能够为你的人生提供一道保障。

行动圆圈以内是我们应该集中资源,花最多时间和精力投入的领域。

这个半径算法也适用于生活的其他方面,比如指导我们的社交。一般我们和家人、挚友的关系最稳定,应该把更多的时间留给在最内圈层的他们。同时,我们要拥抱和理解这个世界的随机性。这就意味着,我们要广泛结交各路高手,开阔眼界,扩大认知半径。

人生定位

半径算法为我们的认知世界,以及日常生活的方方面面提供指引。事实上,确认自己行动半径、能力半径和认知半径的过程,也是为自己的人生定位的过程。

在《人生算法》中,我们的讨论几乎都是围绕以下这句话展开的:如何应对这个不确定的世界,拥抱随机性,努力创造确定性。

这个世界看似是被不确定性统治着,但你并不是一张被概率决定命运的彩票,你可以努力掌控自己的未来。你要找到自己可以长期去做的那件事,也就是行动圆圈里的事。在很多时候,一个人一辈子只能做这样一件事。在这方面,我非常赞成硅谷投资人彼得·蒂尔的观点:"与其努力成为一个各方面都一知半解的庸才,还美其名曰'全能人才',一个目标明确的人往往会选择一件最该做的事,并专心做好这件事。与其不知疲倦地工作,最终却只把自己变得毫无特色,不如努力培养实力,以求独霸一方。"

人生定位,就是要找到这件事。

根据品牌营销方面的定位理论,人们只会记住你的一个特点。比如,提起格力这个品牌,市场会认它的空调,手机就不行。茅台也出过啤酒,做过红酒,但都没有成功,因为茅台已经和白酒画上等号。反之,小小一瓶老干妈在占领辣椒酱这个细分市场的关键词后,被带往成千上万的饭桌,创造了巨大的财富,于是,这个品牌也就无须靠做"老干妈酱油""老干妈奶茶"扩大影响,增加收入。因此,当你把人生定位这个环节的任务圆满完成之后,自然会被嵌入社会的资源链条。

通过学习半径算法,我们明确了扩展认知半径、明确能力半径、缩小行动半径的目标。与其贪婪地追逐所有的机会,不如努力增加自己的资产,把时间和资源花在那些不变的事物上。拥有一个成功的人生,其实就是清楚地认识你是谁。

→ 复盘时刻 ←

1

我们无法发财，不够幸福，是因为我们懂的知识太少吗？不，是因为我们的知识太肤浅。

2

iPhone（2019年）的计算力是阿波罗登月导航计算机（50年前）的1.2万亿倍，但你能用iPhone登月吗？很多时候，我们缺的不是知识，不是计算力，而是边界意识，以及边界之内的系统能力。

3

读书人面临的最大的陷阱是混淆认知半径和能力半径，所以光说不练，沉溺于那些和自己并没有什么关系的知识集邮，用认知幻觉替代行动。

4

商人面临的最大的陷阱是混淆能力半径和行动半径，偶尔获得成功，便觉得无所不能，结果，靠运气赚来的钱，靠能力亏掉了。

5

笨人如果意识到自己笨，并且停留在自己笨的半径内，就是聪明的。聪明人如果高估了自己的聪明，或者仅仅混淆了三种半径，就是蠢的。

6

帕斯卡尔说："几乎我们所有的痛苦都来自我们不善于在房间里独处。"我们就是喜欢出去乱逛，瞎折腾。人类整体因此而进步，而绝大多数个体因此而遭罪。

7

的确，在很多时候，世界是由那些不受限的人推动的。你我作为俗人，最好先有一个安稳的根基，然后再去瞎折腾。例如，科学和艺术进步，很多是富二代"吃饱了撑的"取得的，前提是他们吃得很饱。当然也有梵高那种人，但你不想割掉自己的耳朵吧。

8

"对大多数投资者来说，重要的不是他们知道多少，而是他们能在多大程度上认识到自己不懂什么。"巴菲特如是说。风险往往源自你不知道自己在做什么。

9

跨界是无能者的避难所。假如你没有一技之长，通才并无意义。当然也有人仅靠"通"就很厉害，那也是因为他"通"出了深度，这比在某一点上建立垂直优势更难。

10

如果你只是一味扩张自己的认知半径，你其实只是在"知识吸毒"。如果你不能明确自己的能力半径，你其实只是在梦游。如果你不能控制自己的行动半径，你无论多么聪明，多么勤奋，也无法造就卓越人生。

财富

取决于很少的大高潮；

幸福

取决于很多的小高潮。

结语

你好，赢家

这是《人生算法》的终章。在整个学习过程中，我像一个街头酒馆的掌柜，把自认为最好的佳肴和美酒毫无保留地摆在了桌上，但愿你已经酒足饭饱。接下来是甜品时间，我还有几点叮嘱。即使本书里讲的概率、算法、思维，你全都忘了，也请记住以下这几点叮嘱，我相信就够用了。

人生的两类问题

我想先跟你聊一聊你所面对的真实世界，到底需要你解决什么问题。大多数人在一生中需要解决的难题其实就有两类：一是有边界的问题，二是没有边界的问题。

我想用象棋和德州扑克两种游戏来打个比方：象棋的棋法变化有很多，算是一项复杂的游戏，但它依旧是有边界的。发明博弈论的大科学家冯·诺依曼认为："象棋不是博弈，而是一种定义明确的计算形式。你可能无法算出确切答案，但从理论上来说，一定会有解决方案，也就是说，任何局势下都存在一套正确的下法。"

诸如象棋游戏的人生难题在我们的学生时期大量出现。它被讨论的环境十分简单，类似于实验环境，题目很难，解答过程也很复杂，但它总有一个标准答案。我们传统的应试教育其实一直在锻炼解答这类题目的能力。

至于没有边界的问题，德州扑克就是一个典型。它属于包含很多隐藏信息的"不完美信息"游戏，是非对称的信息博弈。玩家不知道对手手中有什么牌，也不知道5张公共牌会组合出什么结果，更不知道对手会怎么猜自己手上的牌。

当你踏出校门，走入真实世界，等待你的几乎都是这类问题。这看起来没什么，但情况很复杂，需要你厘清头绪、权衡利弊，在不确定的状态下做出选择，并且也没有一个标准答案。做投资的人通常特别爱玩儿德州扑克，对他们而言，无论是做投资，还是玩儿德州扑克，都是在解决那些没有边界的问题。

现实世界其实是德州扑克高手"统治"的世界，而不是被象棋高手"统治"，因为我们在现实世界中遇到的绝大多数问题并没有边界。比较而言，德州扑克的游戏规则更接近我们的人生决策模型。反之，现实中的象棋高手很像我们身边的这样一类人，他们勤勉、聪慧、懂很多道理，看起来什么都不比别人差，但就是混得不太好。这类人很会解答有边界的问题，但对于没有边界的问题却束手无策。

我要给你的第一个嘱咐就是，人生是一场没有边界的游戏，你不要试图躲在确定性的幻想中，也不要指望自己够聪明，够努力，就一定有回报。当一步步理解了更高维度的算法，你才会逐渐发现不确定性背后的秘密。这些计算一点儿都不复杂，只要运用加减乘除就够了。但你必须养成概率性的思维习惯，以及证伪的科学精神，还要用足够的乐观拥抱充满不确定的未来。

静下心来，用我们学过的算法在有灰度的认知阶段逐步厘清状况，你就能黑白分明地做出越来越正确的决策。这样你才可能在努力和运气之间建立联系，越努力，越幸运。

向扑克高手学习应对不确定性

第二个嘱咐，我要给你树立一个榜样，教会你如何在不确定的状况下决策和行动。这个榜样就是德州扑克高手，我当然不是让你去打牌或者赌博，而是教你学习一种决策模型，来应对不确定的人生。在某种意义上，我们每个人都在和命运对赌。

向德州扑克高手学的第一课是，你要认识到，那些待解决的现实世界的问题分为可计算和不可计算两部分。对于可计算的部分，你要寻找最小化风险、最大化收益的下注方式，对于不可计算的部分，再精确的计算也无法消除不确定性，面对这部分问题，模糊的精确比精确的模糊更重要。

什么意思？在很多时候，想得过多，也就是所谓的Overthinking，反而会坏事。数学运算的危险在于，它会让你误以为自己能做很多，但实际上你做不到。甚至有些人通过假装计算来假装思考，从而逃避真正的思考。

因此，对可计算的部分，功夫尽量做足，成为计算高手。对不可计算的部分，我们要通过大量实践，训练自己的直觉，切勿在此环节过度思考。

向德州扑克高手学的第二课是，我们要学习怎么区分哪些可计算、哪些不可计算。这就要求我们分清两个概念——风险和运气。这两个词常被应用在不同的场合，这里我用它们来衡量不确定性。所谓风险，就是已知的不确定，这个部分你可以用概率来计算。比如抛硬币的游戏，你不知道这一次是正面还是反面，但你知道正面的概率是50%。所谓运气，就是未知的不确定，你不知道什么是你不知道的，比如黑天鹅事件。在这部分问题面前，我们要意识到自己是无法通过计算做出最佳选择的。

因此，对于不确定性，我推荐你采取一种高手的态度：当你赢了的时候，你可以跟别人说"我运气真好"；但当你输了的时候，别怪运气差或者差一点儿，而应从技术角度反思。如果你问我德州扑克赢家主要靠实力还是靠运气，我认为和现实世界的人生一样，短期靠运气，长期还得靠实力。

向德州扑克高手学的第三课是，做一个博弈高手，做一个控制情绪的大师。

要想真正成为一个能够赢牌的博弈高手，首先，你既要懂得算牌，还要做一个心理大师。这意味着你在博弈的赛场上要克服恐惧心理。刻意冷静是理性决策的精华。其次，要打"无记忆"的牌，不考虑上一局的得失，全心应对未来。这也是我们在阿尔法围棋思维里强调过的。阿尔法围棋下围棋的特点是它在下每一手棋前都会重新思考，从终局推算这一手的赢棋概率。《对赌》这本书写道："顶级扑克牌手也有40%的时间在犯错，客观面对错误比任何技巧都重要。"打扑克牌是一场心理战，其中很重要的一个心理策略就是别推卸责任，也别自我欺骗，正确对待失败。

还有一点，你要能控制他人的情绪。最好的扑克高手也是最好的骗子。最重要的不是你手中有什么牌，而是让对手以为你手中有什么牌。

要想成为控制情绪的大师，必须善用你的情绪带宽，因为情绪、注意力、认知这些带宽都是有限的。我们主要向德州扑克高手这个榜样学习的是如何应对不可计算的部分。至于可计算的部分，我还要最后给你一个嘱咐：你要不断提升对于可计算部分的决策能力。

提升决策能力的五个级别

在前面的章节，我向你介绍了很多做决策的方法。其实人的决策能力是一个不断提升的过程，我们可以用五个级别来划分。你可以通过这五个级别来定位，看看你现在的决策水平属于哪个级别。同时，它也展示了下一步你可以往哪个方向提升。

我们在学校里遇到的都是有边界的确定性问题，而我们在现实中遇到的大多是没有边界的不确定性问题。要想应对现实世界的挑战，我们要学会在不确定的世界里决策和行动，用概率思维解决难题，更新自我。

所有的认知概念，其实不过是你大脑的脚手架。在学习人生算法九段后，请拆除脚手架，用你的思考指导行动，在行动中深化思考。

第一个级别	依靠直觉。你只能依据一个点来做条件反射式的判断。在这个级别，理性还没有启蒙
第二个级别	主动思考后的选择。你可以在好几个方案里做选择。这个级别，你的决策锦囊里有好几个点，你已经可以有效地解决一些问题
第三个级别	通过决策树，一个人形成了概率化、结构化的认知。到了这个级别，你就能解决复杂的问题，你可能已经走上部门的管理岗位，为一些决定负责
第四个级别	形成可重复的算法。到了这个级别，在大多数人眼里，你已经是人生赢家了。你已经可以独立做决策，带领一支队伍，做出一番事业
第五个级别	能够通过贝叶斯定理持续更新决策算法。能攀登到这一步，你肯定能持续保持领先，不断根据世界的变化进行自我进化，成为真正的人生赢家

你要相信，这个世界的未知和不确定性，是对人类自由意志的赞美。每一刻你都有权利做出自己的判断，决定自己的人生，并和不确定性共舞。

很高兴遇见你！祝你一路好运！

番外篇

人生的大高潮与小高潮

九段心法和通关挑战过后,我还想跟你探讨两个话题,它们也是我们在人生中十分关心的两个主题——财富和幸福。我的观点是:财富取决于很少的大高潮,幸福取决于很多的小高潮。

在解读这个观点前,我们还是先来做一道有趣的题。这道题来自别涅季克托夫,他是俄罗斯第一本数学难题集的作者,也是一位诗人。

两姐妹各自卖鸡蛋,姐姐有10个鸡蛋,妹妹有50个鸡蛋,要求:

- 任何时候销售价格统一;

- 最终每个人收到的钱数一样多。

这道看似简单的题，却容易让人产生错觉："两个人手头的鸡蛋数量不同，任何时候都卖一样的价格，怎么可能最后卖一样多的钱呢？"

事实上，当姐姐在价格低的时候少卖鸡蛋，在价格高的时候多卖鸡蛋，就有可能实现与妹妹等同的销售总额。具体而言，早上两人将鸡蛋定价为一元钱一个，拥有50个鸡蛋的妹妹卖掉45个；姐姐守着手上的10个鸡蛋，一个都不卖。等到下午两人将鸡蛋定价为9元钱一个，妹妹就剩5个鸡蛋了，卖45元；此时，拥有10个鸡蛋的姐姐可以一下子收到90元。

这道题目里藏有一个重要的财富秘密：关键时刻下大注，能够让你在本钱比别人少的时候赚得更多。

在索罗斯大战英格兰央行，迫使英国退出欧洲汇率体系的传奇故事中，操盘手斯坦利·德鲁肯米勒先押了15亿美元，并考虑进一步加大筹码。索罗斯这时候表示："太荒谬了，你知道这种事情（指英国在1990年决定加入西欧国家创立的新货币体系——欧洲汇率体系）多久才能出现一次吗？"他认为，信心十足但是只投入很少的资金，这么做是没有道理的。最终二人加上杠杆，押了100亿美元，成为这场"袭击英镑行动"的最大赢家。

索罗斯的策略是专攻要害。德鲁肯米勒对此总结道："我从索罗斯身上学到很多，其中最为重要的并不是你是对还是错，而是在你正确时赚了多少钱，在错误时赔了多少钱。"

巴菲特也说："好机会不经常出现。当天上掉馅饼时，请用水桶去接，而不是用针去顶。"

尽管索罗斯和巴菲特的风格完全不同，但他们都是那种伺机而动、咬住就不放口的致命攻击者。

你可能会问，在"防爆思维"那一章不是强调，投资的时候不能All in吗？

的确，虽然索罗斯和巴菲特都强调在超级机会降临时你要下大注，但事实上他们都有自己的风险控制模型。索罗斯的特点是，一旦出现状况就跑得特别快，而且还经常反转策略，调转枪头。巴菲特呢？他下的大注都是那些盯了很久的公司，基本不会出太大的错，并且他会严格控制仓位比例，把鸡蛋放进不同的篮子里。

这是关于财富的法门。但财富以外，我们在人生中还要追求另一个重要的维度——幸福。财富可以带来幸福，但它们不是简单的因果关系，幸福有自己的一套逻辑，我发现它的法门是较多的小高潮。

哈佛大学心理学教授丹尼尔·吉尔伯特说："买房、结婚这种人生大事确实能让你更幸福，但这种幸福感的强烈程度持续不了多久。"回想自己的生活：你赚了一大笔钱，买新房，换新车，考入理想的学校，找到如意的伴侣……它们所带来的那种强烈幸福感其实并不会持续太久。事实上，不管好事，还是坏事，对我们的影响很少会超过三个月：好的事情好不了太久，坏的事情也坏不了太久。

心理学家埃德·迪纳发现："对于幸福感来说，更重要的是快乐体验出现的频率，而不是快乐体验的强度。"这么看来，在某种程度上，女性天生就比男性更加理解幸福的本质。

为什么这么说？女性特别喜欢一些小浪漫，能够在很多生活细节中找到幸福的感觉。大多数男性却觉得幸福必须靠干大事来实现,要送就送一枚大钻戒。那些动不动就送束鲜花之类的小把戏,在他们眼里是只有感情骗子才会做的事。

但心理学家认为,关于幸福感的获得,女性对了,男性错了。吉尔伯特教授总结道:"我们想当然地以为最能影响我们的是生活里的一两件大事,但幸福似乎是上百件小事的总和。一个每天经历十几个小开心的人,很可能比每天只遇到一件大喜事的人更幸福。"

因此,别只想着买辆好车,也要记得给自己买一双舒服的鞋子。别只想着用大招讨好伴侣,试着给对方一些小惊喜。这样生活会有更加持续的幸福感,所谓经营生活的奥秘,不过如此。

"财富取决于很少的大高潮,幸福取决于很多的小高潮",无论是大高潮,还是小高潮,都是生活给我们的奖励、反馈,是我们对生活意义的确认。

九段心法也好,通关挑战也好,都是为了帮我们在人生算法的学习过程中逐一掌握应对内部或外部不确定性的方法。事实上,不确定性一方面会带来意外,另一方面也给我们的生活平添了刺激,并赋予它意义。我们可能忽视了人生的另一个大敌,就是我们追求的确定性。确定性让我们感到安心,但日复一日的生活方式也显得非常无趣,一眼望到了头,更可怕的是意义感的丧失。

如果你正面临这样的问题,那你需要向巴菲特学习他的人生态度。他说:"我非常热爱我的工作,每天早上去上班时,都会觉得自己好像是米开朗琪罗要到西斯廷教堂画壁画一样。"巴菲特热爱他的工作,而不仅仅是财富本身,这与世俗的财富观不同。事实上,世俗意义上的成功和财富都是一种"涌现"的结果。财富并不是最终目的,而只是实现个人价值后随之而来的附加产品。正所谓,人追钱很难,而钱追人很容易。

财富是未来结果,充满了不确定性,我们也不确定当下努力是否就能获得回报。我们怎么能像巴菲特一样,对工作投以百般热情,沉下心修炼呢?答案是使命。它能够将你极少的大高潮和日常的小高潮完美地结合起来。

奥地利作家斯蒂芬·茨威格在《人类群星闪耀时》这本书里写道:"一个人生命中最大的幸运,莫过于在他的人生中途,即在他年富力强的时候发现了自己的使命。"当你为了某种使命而生活时,你未必一定要中大奖,也能从每天的生活中找到幸福的感觉。

同时,因为使命不知道在哪一天会到来,在此之前,你需要为了你的使命虔诚地准备着。当年58岁的凯文·维克斯身为加拿大议会侍卫长,他的日常工作只是行政和礼仪,象征性地扛着议会权杖步入会场而已,但8年来,他每周坚持射击和其他体能训练。2014年10月22日,一名枪手杀死一人后冲入议会大厦。维克斯逼上去,与恐怖分子仅一柱之隔,当对方抬枪之际,他向左侧扑地翻滚并开枪,击毙了枪手。维克斯说:"我的一生都在为此刻做准备。"

侍卫长的使命是对抗暴力,而机长的使命则是保证乘客安全。

2009年1月15日,一架空客A320被飞鸟撞击,双侧引擎同时熄火,飞机完全失去动力。机长萨伦伯格在确认无法到达附近任何一个机场后,决定迫降纽约曼哈顿的哈德逊河上。在飞机奇迹般地降落于河面后,机长负责指挥疏散,并且两次仔细检查机舱是否仍有乘客。

确定没人后，萨伦伯格最后一个离开客机。飞机上的151人全部生还，该事件被称为"哈德逊奇迹"。

在机长萨伦伯格看来，我们需要每次都努力做正确的事，尽力而为，因为我们不知道人们会因为哪一件具体的事评价我们的人生。

幸运的人生是能遇上一生都难有一次的伟大时刻，这也是使命的意义。即使遇不上这种伟大时刻，上述的侍卫长、机长也在日常的工作中践行他们的使命。

虽然我们不知道自己做的哪件事将创造伟大，但我们能确认自己在每个瞬间都可以凭借理智、情感和行动朝着使命前进，并且在过程中创造幸福感。

时刻准备着，是在不知何时是重大时刻的情况下，依然尽量做正确的事情。即使那一刻永不来临，你也会一直体验接连不断涌来的幸福小高潮。

当你不在意财富的大高潮何时来临，当你忘掉输赢，在面对不确定性时能够理性决策，勇敢行动，并对各种可能出现的结果泰然处之时，你就是真正的人生赢家。

后记

人生算法的实用主义

我局部赞成索罗斯的策略——暂时承认自然科学与社会科学的二元性。"人生算法"并非用物理和数学隐喻人生,也不是机械套用自然科学的定量方法,而是探索人类的认知与现实世界之间的关系。我不喜欢夹层解释,而本书基于物理影像的认知飞轮和基于概率计算的概率分层,不仅有助于我的表达和读者的理解,更有利于批评者提出批判性的观点。

我也会想,假如有造物主,他也许会按照自己想象、梦想的逻辑制造人(假设他们需要逻辑),就像人类在设计游戏时的逻辑。所以,人世的一些基本设置,例如,单向的时间、不确定性、混乱、死亡极有可能是他们没有且羡慕的。所以,假如有造物主,他并没有命运,也没有自由意志。

我们有幸处于两个加速时代的双重作用之下,一个是中国改革开放40年梦幻般的突飞猛进,一个是数字化虚拟世界对物理现实世界的"殖民"。我一方面随波逐流参与其中,另一方面试图用超然的思考对冲时光流逝。

阿西莫夫说:"科学是一个机制,是扩充你对自然的认知的一个方式。科学是一个系统,用宇宙中的事实验证你的想法是否正确。这个系统很有效,不仅仅是在科学领域,放到日常生活中也很有用处。"人生算法的实用主义背后,正是这类验证,正如我们的一生也是某种验证一样。

感谢《老喻的人生算法课》的订阅者,感谢孤独大脑的阅读者,感谢得到诸君的用心指导,感谢中信出版社各位老师的专业付出,还要感谢未来春藤的小伙伴们的支持。更要谢谢我的太太"冬瓜"、女儿"预言家"、儿子"遇伯乐",你们给我以宁静和美好。